JN234725

道路工学

第7版

内田一郎・鬼塚克忠　著

森北出版株式会社

● 本書のサポート情報を当社 Web サイトに掲載する場合があります．下記の URL にアクセスし，サポートの案内をご覧ください．

http://www.morikita.co.jp/support/

● 本書の内容に関するご質問は，森北出版 出版部「(書名を明記)」係宛に書面にて，もしくは下記の e-mail アドレスまでお願いします．なお，電話でのご質問には応じかねますので，あらかじめご了承ください．

editor@morikita.co.jp

● 本書により得られた情報の使用から生じるいかなる損害についても，当社および本書の著者は責任を負わないものとします．

■ 本書に記載している製品名，商標および登録商標は，各権利者に帰属します．

■ 本書を無断で複写複製（電子化を含む）することは，著作権法上での例外を除き，禁じられています．複写される場合は，そのつど事前に(社)出版者著作権管理機構（電話 03-3513-6969，FAX 03-3513-6979，e-mail：info@jcopy.or.jp）の許諾を得てください．また本書を代行業者等の第三者に依頼してスキャンやデジタル化することは，たとえ個人や家庭内での利用であっても一切認められておりません．

第 7 版について

　1994 年（平成 6 年）第 6 版を発行してから約 8 年の歳月が経過した．その間，各種道路の整備は進み，自動車の運行も容易になった．しかし交通混雑・事故・公害等の解決はいぜんとして進まず，重要な課題になっている．

　2001 年 1 月道路行政は新設の国土交通省に移行され，また計量法・計量単位令の改正に伴って，1999 年 10 月より国際単位系（SI）を採用しなければならなくなった．さらに技術の面からもいろいろな新しい提案が行われてきた．

　本書においては，以上のことを考慮して全体にわたって見直しを行った．その主なものを示すと次のとおりである．

　ⅰ）　新しい資料を取り入れ，また一部簡潔にした．
　ⅱ）　力の単位を国際単位系（SI）に訂正した．
　ⅲ）　幾何構造について，道路構造令の改正に応ずる修正を行った．

　なお，付録の道路構造令を廃したが，これについては森北出版ホームページ [http://www.morikita.co.jp] を利用して頂きたい．

　終わりにあたって，本書改定の際に多くの著述を参考にさせて頂いたが，その著者並びに出版のお世話をしてくださった森北出版株式会社の方々に感謝の意を表する．

　2002 年（平成 14 年）12 月

著者　内田一郎
鬼塚克忠

第 6 版について

　1984 年（昭和 59 年）第 5 版を発行してから約 10 年の歳月が経過した．その間，全国的な高速自動車道路網の骨格がほぼできあがり，また一般道路の整備も進んで，自動車は旅客・貨物の輸送上ますます重要な役割を果たすようにな

ってきた．一方，交通混雑・交通事故・交通公害・道路景観など多くの課題があり，各方面でその解決に取り組まれている．

以上のような情勢に対応して，技術面の研究開発も進み，法令の改正も行われた．たとえば，セメントコンクリート舗装要綱（昭和59年），道路土工要綱（平成2年），アスファルト舗装要綱（平成4年）などが改訂され，また平成5年には道路構造令の一部改正が行われた．

本書においては，以上の道路技術の進歩や各種要綱の改訂あるいは法令の改正などを取り入れて，全体にわたって書き換え，書き加えあるいは削除を行った．その主なものを示すと次のとおりである．

ⅰ) 総論，調査および計画について，新しい資料を取り入れ，また簡潔にした．

ⅱ) 幾何構造について，道路構造令の改正に応ずる修正を行った．

ⅲ) 道路付属施設について，一部の書き換えを行い，また「道路景観の整備」について新しい節を設けた．

ⅳ) 道路の横断面の構造，地盤および盛土・切土，排水および浸食・凍上などについて全面的な書き換えを行った．

ⅴ) 土質道の章を廃止した．

ⅵ) 舗装の厚さの設計，路床および路盤，歴青系舗装，コンクリート舗装，ブロック舗装については，各種要綱あるいは新しい研究開発の成果にしたがって全面的に書き換えを行った．

以上のように，この第6版はいままでとはまったく違った姿に生まれ変わったといってよい．また，従来は著者は1人（内田）であったが，このたびから新しく鬼塚が加わった．このことによって目が行き届き，良い成果を得たと思う．

終りに当たって，本書を改訂する際多くの著述を参考にさせて頂いたが，その著者・筆者並びに出版のお世話下さった森北出版株式会社の方々に感謝の意を表する．

1994年（平成6年）9月

著者　内田一郎
鬼塚克忠

目　　次

第1章　総　　論 ··· 1
　1・1　道路の使命および自動車の概況 ······················· 1
　1・2　道路の歴史 ··· 3
　1・3　道路の種類 ··· 7
　1・4　道路の管理および概況 ································ 10
　1・5　道路に関する法規 ····································· 12

第2章　調査および計画 ·· 14
　2・1　道路調査の必要性 ····································· 14
　2・2　現況調査 ··· 15
　2・3　交通調査 ··· 17
　2・4　経済調査 ··· 21
　2・5　道路の改良・舗装計画 ································ 25
　2・6　道路網計画 ··· 25
　2・7　路線の選定 ··· 27
　2・8　実施計画 ··· 28

第3章　交　通　流 ··· 30
　3・1　まえがき ··· 30
　3・2　交通流の特性 ·· 30
　3・3　交通速度 ··· 33
　3・4　交通量および将来交通量の推定 ····················· 35
　3・5　交通容量 ··· 41
　3・6　人の交通 ··· 47
　3・7　交通公害 ··· 47

第4章　幾　何　構　造 ·· 51
　4・1　まえがき ··· 51
　4・2　車両の大きさおよび速度 ····························· 51
　4・3　幅　員 ·· 53
　4・4　縦断勾配 ··· 59

- 4・5 横断勾配 ……………………………………………67
- 4・6 視　距 ……………………………………………69
- 4・7 線形（曲線部） …………………………………75
- 4・8 交　差 ……………………………………………87
- 4・9 鉄道との交差 ……………………………………94

第5章　道路付属施設 …………………………………97
- 5・1 まえがき …………………………………………97
- 5・2 道路植樹 …………………………………………97
- 5・3 道路照明 …………………………………………99
- 5・4 道路標識 …………………………………………101
- 5・5 防護設備 …………………………………………102
- 5・6 道路景観の整備 …………………………………103

第6章　地盤および盛土・切土 ………………………105
- 6・1 まえがき …………………………………………105
- 6・2 土の性質 …………………………………………105
- 6・3 道路用の土の分類 ………………………………108
- 6・4 道路の土質調査 …………………………………114
- 6・5 地盤の改良 ………………………………………115
- 6・6 盛土の締固め ……………………………………117
- 6・7 盛土および切土ののり面 ………………………122

第7章　排水および浸食・凍上 ………………………126
- 7・1 まえがき …………………………………………126
- 7・2 表面排水 …………………………………………126
- 7・3 地下排水 …………………………………………128
- 7・4 のり面浸食 ………………………………………132
- 7・5 凍上現象とその対策 ……………………………134

第8章　舗装構造の設計 ………………………………137
- 8・1 道路の構造 ………………………………………137
- 8・2 路面に作用する交通荷重 ………………………138
- 8・3 路面の種類 ………………………………………139
- 8・4 支持力係数およびCBR …………………………140
- 8・5 たわみ性舗装の厚さの設計 ……………………143
- 8・6 剛性舗装に生ずる応力 …………………………145
- 8・7 剛性舗装の厚さの設計 …………………………152

8・8	舗装の構造に関する技術基準	156

第9章　路床および路盤 …………………………………159

9・1	まえがき	159
9・2	路　床	159
9・3	下層路盤	160
9・4	上層路盤	161
9・5	粒度調整工法	163
9・6	セメント安定処理工法	165
9・7	石灰安定処理工法	167
9・8	歴青安定処理工法	168
9・9	セメント・歴青安定処理工法	170
9・10	浸透式工法	171

第10章　アスファルト舗装 …………………………………174

10・1	まえがき	174
10・2	歴青材料	174
10・3	樹脂系結合材料	177
10・4	歴青材料の試験法	178
10・5	アスファルト混合物の選定と設計	179
10・6	加熱混合式工法	184
10・7	常温混合式工法	187
10・8	特殊舗装	187
10・9	管理および検査	199
10・10	補　修	200

第11章　コンクリート舗装 …………………………………204

11・1	まえがき	204
11・2	横断面の形	204
11・3	材　料	205
11・4	配　合	208
11・5	特殊コンクリート	212
11・6	目　地	213
11・7	舗　設	218
11・8	鉄網および鉄筋による補強	224
11・9	特殊舗装工法	225
11・10	管理および検査	227

第12章　ブロック舗装 …………………………………229
　　12・1　まえがき …………………………………229
　　12・2　ブロックの大きさと材質 …………………229
　　12・3　構　造 ……………………………………230
　　12・4　ブロックの並べ方 …………………………232
　　12・5　舗　設 ……………………………………233

索　　引 ………………………………………………235

第1章 総論

1・1 道路の使命および自動車の概況

　道路（Highway, Road）は鉄道や水路，あるいは航空路などと共に，人や物が移動するのに必要欠くべからざるものであり，そこに道路の使命もある．いくら優れた性能をもっている自動車も，立派な道路がなければ，その性能の半分も発揮することはできない．もちろん道路は自動車だけが通るものではなく，人も自転車もまたその他の車も通ることを念頭においておく必要があり，常に自動車優先と考えることは問題である．しかし，自動車は他に比べて大型・高速であるだけに特別な配慮を要することが多い．

　自動車によって運ばれるものとしては人と貨物が考えられる．人を輸送する自動車のうちで大きいものはバスであり，その運行も長距離化している．このバスの発達は鉄道の人員輸送，とくに，近距離輸送に大きな影響を与えている．

　表1・1は旅客輸送量の移り変わりの状況を示したものであるが，絶対量の少ない民間航空を除いては，乗用車の伸びの状況は他にくらべて大きい．また，バスは経営上の問題もあって伸び悩んでいる．

　貨物を輸送する自動車で，道路にもっとも関係の深いものはトラックで，そのトラックも大型化してきている．また，輸送距離も著しく長距離化し，東京～青森，東京～福岡，青森～福岡などの間の輸送はふつうである．この傾向は道路の整備が進むにつれてますます助長されつつある．鉄道とちがって，貨物の自動車輸送はいわゆる戸口から戸口への輸送が可能で，積換えの必要がなく，今後ますます発達の一途をたどるであろう．またフェリー，フレートライナーなど船舶や列車との協同一貫輸送も多く現れている．表1・2は貨物輸送の推移の状況を示したもので，この表からも自動車輸送の伸びの状況を認めることが

表 1・1　旅客輸送量の推移　　　　　（単位　億人キロ）

年　度	国鉄・JR	民　鉄	バ　ス	乗用車	民間航空	合　計
(昭和) 30	912	449	233	42	2	1,638
40	1,740	814	801	406	29	3,790
50	2,153	1,085	1,101	2,508	191	7,038
60	1,975	1,326	1,049	3,844	331	8,525
(平成) 7	2,490	1,511	973	6,085	650	11,709
12	2,407	1,438	873	6,430	797	11,945
14	2,392	1,430	862	6,405	840	11,929
平14年度の割合(%)	20.1	12.0	7.2	53.7	7.0	100.0

(注)　交通経済統計要覧　平成15年版(国土交通省総合政策局情報管理部編)

表 1・2　貨物輸送量の推移　　　　　（単位　億トンキロ）

年　度	国鉄・JR	民　鉄	トラック	内航船舶	民間航空	合　計
(昭和) 30	426	7	95	324	0	852
40	564	10	484	806	0	1,864
50	466	8	1,297	1,836	2	3,609
60	216	5	2,059	2,058	5	4,343
(平成) 7	247	4	2,926	2,383	9	5,569
12	219	3	3,110	2,417	11	5,760
14	219	3	3,101	2,356	10	5,689
平14年度の割合(%)	3.8	0.1	54.5	41.4	0.2	100.0

(注)　交通経済統計要覧　平成15年版(国土交通省総合政策局情報管理部編)

できる．以上のように，自動車による輸送は近年とくにその増加状況が著しいが，それにもまして自動車の保有台数の増加には飛躍的なものがある．その状況を示したものが表1・3である．第二次世界大戦が終わった昭和20年にはわずか13万5千台であった．

　以上のような自動車の保有台数の増加，自動車による輸送の増大に対応して，道路の整備が行われているが，十分とはいいがたい．各地における道路交通の混雑や交通事故の増加，交通公害の発生などはその現れである．

表1・3 自動車保有台数の推移　　　　（単位　千台）

年度末	乗用車	バス	貨物車	特種(殊)	合計
(昭和) 30	158	35	695	34	922
40	2,290	105	4,680	164	7,239
50	17,378	220	10,173	596	28,367
60	27,790	231	17,186	844	46,051
(平成) 7	45,069	243	20,114	1,524	66,950
12	52,449	236	17,931	1,754	72,370
14	54,471	233	17,207	1,720	73,631

(注) 小型特殊自動車，被けん引車，二輪車を除く．

1・2　道路の歴史
(1) 欧米の道路

　道路が最初にできたのはいつのことであるか，それをはっきりすることはできないが，動物は太古以来その往来のための交通路をもっていたであろうし，人類はこの世に現れて以来その生存に必要な交通路をもっていたであろう．この道は人間が生きるための狩猟や果実の採取などに役立つ程度の，どうにか通れるようなものであったであろう．このような原始的な道が，現在使われているように多くの人々の移動や物資の輸送に使用されるようになったのは，民族が移動を開始し，あるいは民族が団結して他に当たり，事業を行おうとするようになった時代であろう．たとえば，西暦紀元前2900年にはエジプトではピラミッドの建設に必要な材料を運搬する大道が造られたという記録があるし，西暦紀元前約1900年にはアッシリヤ帝国によって，バビロン市を中心とした放射線舗装道路が造られたという．

　古代ギリシャ時代(西暦紀元前約700年頃より同約300年頃まで)になると，軍事的，通商的目的の他に宗教的目的をもった道路も現れ，神殿に向かって築造された道路も少なからずあった．また，アテネ(Athenes)よりエレウシス(Eleusis)，テーベ(Thebes)などの都市あるいは北方各地に至る道路も多く築造された．

　古い時代における道路で，われわれがもっともよく耳にするのはローマ帝国のものであろう．かの「すべての道はローマに通ず」の言葉で示すとおり，ローマを中心として多くの道路が設けられ，放射状道路もローマから29本出てい

たという．ローマにおいてはすでに道路を国道・地方道・里道の三つに分類することが考えられていた．

初期のローマの道は天然土のままであったが，後には多くの立派な舗装道路が築造された．アピアス (Appius Claudius) が西暦紀元前 312 年頃，ローマとカプア (Capua) 間 230 km に造ったいわゆるアピアン道路といわれるものもその一つである．図 1・1 はこのアピアン道路の構造を示したものである．

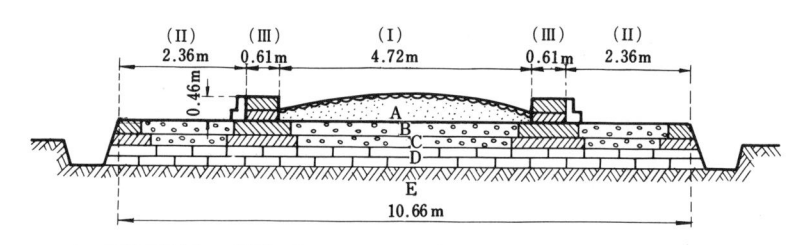

A…石灰混じりの砂利（Summa crusta）
B…石灰混じりの粗粒砂利（Nucleus. 厚さ 25 cm）
C…十分つき固めた粗石（Rudus. 厚さ 20 cm）
D…2 層の平板石モルタル積（Statumen. 厚さ 25〜50 cm）
E…モルタル（厚さ 2.5 cm）砂床（厚さ 10〜15 cm）（Pavimentum）
（Ⅰ）…歩兵通路　　（Ⅱ）…騎兵，車馬通路　　（Ⅲ）…士官，旅行者通路

図 1・1　アピアン道路の断面図

西暦 395 年ローマ帝国の東西分裂にひきつづき，476 年西ローマ帝国が滅亡して以来道路としてふたたび暗黒時代にはいり，長い間その場しのぎの工事を行ってきた．近代的工法がその緒についたのは，フランスにおいて 1775 年トレサゲ (Pierre Marie Jérôme Tresaguet) が，イギリスにおいて 1805 年テルフォード (Thomas Telford)，および 1815 年マカダム (John Loudon MacAdam) が，いずれも，砕石を使用した工法を考え出してからである．

これらの砕石を使用した道路は高価であるが，そのすぐれた性質のため，19 世紀頃にはかなり使用されていた．

これらの砕石道路も 1892 年自動車が出現するに及んで，その速度と量とに抗し得ず，しだいに破壊してゆき，新たな対策が必要になった．この間，木塊舗装は 1839 年，れんが舗装は 1872 年，いずれもアメリカにおいて用い始められて，ここにブロック舗装も姿を現してきた．

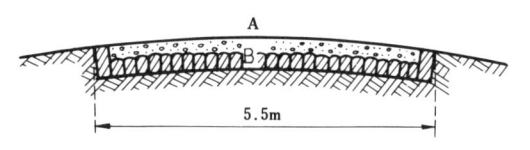

A…クルミ大の砕石（厚さ 8～13 cm）
B…割栗石の基礎（厚さ 15～18 cm）
図1・2　トレサゲ式道路の断面図

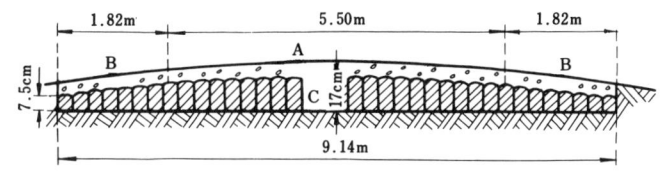

A…硬質砕石（径 6 cm 以下）　　B…砕石または砂利
C…割栗石基礎（人力でならべ，隙間は石屑で目潰しを行う）
図1・3　テルフォード式道路の断面図

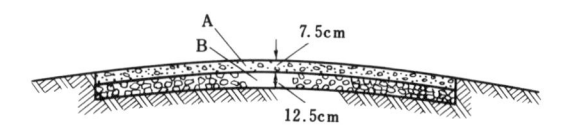

A…細砕石および結合材　　B…砕石（径 4～5 cm 位）
図1・4　マカダム式道路の断面図

　自動車による道路の破壊に対する策として次に登場したものが，歴青材料・ポルトランドセメントなどを用いた舗装であり，これらの舗装道路に関することが現代の課題である．
（2）日本の道路
　わが国の道路は長い間の封建制度の下にあって，その発達は非常に遅れ，不満足ながらもどうにか一般交通に用いられるようになったのは，ようやく 17 世紀江戸時代にはいってからである．それまでは国内統一のための軍事用として，中央政府の地方への命令伝達用として，また貢物を運ぶための貢道として発達してきたものである．
　古い無土器時代（西暦前 7,000～8,000 年より前），縄文時代（無土器時代以降西暦前 3 世紀頃まで）は狩猟，漁撈を主とした採取経済の時代であって，道路は

そのための交通路であったことは欧米の場合と同じである．弥生時代（西暦前3世紀頃より西暦3世紀頃まで）には水稲農業が本格的に始まり，村落が出現し，村落間の交通路がそれに加わった．さらに古墳時代を経てしだいに史実がはっきりしてくるが，この間国家のめばえが現れ，それに応じて支配のための道路が作られた．しかし，支配者の居所付近を除いてはほとんど原始的な道路であった．

やや系統的な道路ができたのは大化の改新（西暦645年）の頃である．すなわち畿内七道を定め，駅馬・伝馬などをおいて駅伝の制度を確立し，また大道の修理を盛んに行われるようになった．なおこの畿内において道路の風情をそえ，旅行を楽しませるために並木として果樹を植えたという記録（西暦759年，天平宝字3年）もあり，これが文献にみられる並木の最初のものである．その後792年頃（桓武天皇延暦12年頃）南海道（四国に通じる道）の改修を行い，宇治橋が架けられ，箱根の新道が開かれる，などのことがあり，戦国時代にはいると群雄各所に割拠し，交通はきわめて制限を受けるに至った．織田時代になって信長は道路の改修に着目し，4人の道奉行を置いて主要道路は3.5間（6.4m），その他の道路は3間（5.5m）とするという制度を定めた．江戸時代には五街道その他の主要な道路網は一応でき，幅員は大街道6間（10.9m），小街道3間（5.5m）としたけれども，あくまで政策的で，関所を設けたり，大きな河川に橋をかけなかったり，一般の交通には不便がはなはだ多かった．

明治時代になって人々の交通の自由が確保され，馬車その他の車の利用も盛んになった．明治4年（1871年）には賃取道路や賃取橋を奨励する太政官布告が公布され，明治9年（1876年）には太政官達によって全国の道路は国道・県道・里道に分けられ，等級および標準幅員が定められた．その後明治34年（1901年）自動車が輸入され，また交通量も年月の経過と共に増加し，道路の改良の必要にせまられてきた．大正8年（1919年）には道路法が公布されて道路の整備もようやく軌道にのったが，以後とくに第二次世界大戦以後，自動車の数量の増加と大型化のためさらに道路法の改正が必要になり，昭和27年（1952年）には新しい道路法が公布されるに至った．

以後特記すべきことは高速道路の建設である．名神高速道路が昭和38年一部開通以来，全国各地に高速道路が建設され，全国幹線道路網の形成も終わりに

近い．また，大都市における高速道路の整備も急速に行われている．

1・3 道路の種類

（1） 道路法による分類

道路法による道路の種類は次の四つである．

（a） 高速自動車国道　　一般国道とともに全国的な幹線道路網の枢要部を構成するもの（道路法第3条の2，第5条および高速自動車国道法参照）．

（b） 一般国道　　高速自動車国道と合わせて全国的な幹線道路網を構成するもので，たとえば国土を縦断し，横断し，または循環して，都道府県庁所在地（北海道の支庁所在地を含む），その他政治上，経済上，または文化上とくに重要な都市（これを重要都市という）を連絡する道路，重要都市または人口10万以上の市と高速自動車国道または前述の国道とを連絡する道路などがこれに属している（道路法第5条参照）．

（c） 都道府県道　　地方的な幹線道路網を構成するもので，都道府県知事がその路線を認定したもの（道路法第7条参照）．

（d） 市町村道　　市町村の区域内に存在する道路で，市町村長がその路線を認定したもの（道路法第8条参照）．

高速自動車道路網としては，国土開発幹線自動車道建設法（昭和32年制定）により32路線，総延長7,600 kmが法定されている．それを示したものが表1・4である．また，昭和62年には，これを含めた14,000 kmの高規格幹線道路網計画が策定され，整備が進められつつある．

一般国道は，従来の一級国道，二級国道をいっしょにしたもので，昭和40年に指定が行われている．なお，昭和44年以後数回にわたり地方道の一般国道への昇格が行われ，現在では507号までの路線がある．この一般国道の路線の例を示したものが表1・5（128号～507号略）である．

（2） 表層の材料，工法による分類

表層の材料あるいは工法によっていろいろ分類することができるが，このことについては後に述べるので，ここでは省略する．

（3） 敷地の所有権による分類

敷地の所有権がどこにあるかによって次の二つに分けられる．

表1・4 国土開発幹線自動車道路線表

路線名		起点	終点
北海道縦貫自動車道		函館市	稚内市
北海道横断自動車道	釧路線	小樽市	釧路市
〃	北見線	小樽市	北見市
東北縦貫自動車道	青森線	東京都	青森市
〃	八戸線	東京都	八戸市
東北横断自動車道	秋田線	北上市	秋田市
〃	酒田線	仙台市	酒田市
〃	平・新潟線	平市	新潟市
関越自動車道	新潟線	東京都	新潟市
〃	直江津線	東京都	直江津市
常磐自動車道		東京都	いわき市
東関東自動車道	木更津線	東京都	木更津市
〃	鹿島線	東京都	鹿島市
中央自動車道	富士吉田線	東京都	富士吉田市
〃	西宮線	東京都	西宮市
〃	長野線	東京都	長野市
東海自動車道		東京都	小牧市
北陸自動車道		新潟市	米原市
東海北陸自動車道		一宮市	砺波市
近畿自動車道	伊勢線	名古屋市	伊勢市
〃	名古屋・大阪線	名古屋市	吹田市
〃	和歌山線	松原市	海南市
〃	舞鶴線	吹田市	舞鶴市
中国縦貫自動車道		吹田市	下関市
山陽自動車道		吹田市	山口市
中国横断自動車道	岡山・米子線	岡山市	境港市
〃	広島・浜田線	広島市	浜田市
四国縦貫自動車道		徳島市	大州市
四国横断自動車道		高松市	須崎市
九州縦貫自動車道	鹿児島線	北九州市	鹿児島市
〃	宮崎線	北九州市	宮崎市
九州横断自動車道		長崎市	大分市

1・3 道路の種類

表1・5 一般国道路線の例

路線名	起点	終点	路線名	起点	終点
1号	東京都中央区	大阪市	42号	和歌山市	津市
2号	大阪市	北九州市	43号	大阪市	神戸市
3号	北九州市	鹿児島市	44号	釧路市	根室市
4号	東京都中央区	青森市	45号	仙台市	青森市
5号	函館市	札幌市	46号	盛岡市	秋田市
6号	東京都中央区	仙台市	47号	仙台市	酒田市
7号	新潟市	青森市	48号	仙台市	山形市
8号	新潟市	京都市	49号	いわき市	新潟市
9号	京都市	下関市	50号	前橋市	水戸市
10号	北九州市	鹿児島市	51号	千葉市	水戸市
11号	徳島市	松山市	52号	清水市	甲府市
12号	札幌市	旭川市	53号	岡山市	鳥取市
13号	福島市	秋田市	54号	広島市	松江市
14号	東京都中央区	千葉市	55号	徳島市	高知市
15号	東京都中央区	横浜市	56号	高知市	松山市
16号	横浜市	横浜市	57号	大分市	長崎市
17号	東京都中央区	新潟市	58号	鹿児島市	那覇市
18号	高崎市	直江津市	101号	青森市	能代市
19号	名古屋市	長野市	102号	弘前市	十和田市
20号	東京都中央区	塩尻市	103号	青森県上北郡十和田町	大館市
21号	瑞浪市	滋賀県坂田郡米原町	104号	八戸市	大館市
22号	名古屋市	岐阜市	105号	本荘市	秋田県北秋田郡鷹巣町
23号	四日市	伊勢市	106号	宮古市	盛岡市
24号	京都市	和歌山市	107号	大船渡市	本荘市
25号	四日市	大阪市	108号	石巻市	本荘市
26号	大阪市	和歌山市	112号	山形市	鶴岡市
27号	敦賀市	京都府船井郡丹波町	113号	新潟市	相馬市
28号	神戸市	徳島市	114号	福島市	福島県双葉郡浪江町
29号	姫路市	鳥取市	115号	相馬市	福島県耶麻郡猪苗代町
30号	岡山市	高松市	116号	柏崎市	新潟市
31号	広島県安芸郡海田町	呉市	117号	長野市	小千谷市
32号	高松市	高知市	118号	水戸市	郡山市
33号	高知市	松山市	119号	日光市	宇都宮市
34号	鳥栖市	長崎市	120号	日光市	沼田市
35号	武雄市	佐世保市	121号	宇都宮市	米沢市
36号	札幌市	室蘭市	122号	日光市	東京都豊島区
37号	北海道山越郡長万部町	室蘭市	123号	宇都宮市	水戸市
38号	滝川市	釧路市	124号	銚子市	水戸市
39号	旭川市	網走市	125号	佐原市	熊谷市
40号	旭川市	稚内市	126号	銚子市	千葉市
41号	名古屋市	富山市	127号	館山市	木更津市

(**a**) **公　道**(Highway)　　道路法によって定められた道路．
(**b**) **私　道**(Private road)　　私人が所有地を一般公衆の通行に開放したもの．

(**4**) **その他の分類**

敷地の場所によって街路(Street), コミュニティ道路(Community road), 地方道路(Country road, Rural road), 山道(Mountain road), 農道(耕作道, Cultivative road), 公園道路(Parkway), 河岸道路(Riverside road)などに分けることができ，また道路を利用する目的によって一般公衆用道路(Public road), 産業道路(Industrial road), 自動車専用道路(高速道路, Exclusive motor road, Rapid road), ドライブウェイ(Driveway), 遊覧道路(Sightseeing road), 耕作道(Cultivative road), 林道(Forest road), 軍用道路(Military road)などに分けることができよう．

1・4　道路の管理および概況

　道路の管理とは道路の新設・改築・維持・修繕・災害復旧その他道路の機能を保たせるための一切の行政行為によって，道路の機能を十分に発揮させるようにすることをいう．一般国道については，その新設・改築は原則として国土交通大臣が行い，工事の規模が小さいとかその他特別な事情がある場合には都道府県知事が行う．また，一般国道の維持，修繕，災害復旧，その他の管理も場合に応じて国土交通大臣が行ったり，都道府県知事が行ったりする（道路法第12条，第13条参照）．

　都道府県道の管理はその路線のある都道府県，市町村道の管理はその路線のある市町村が行うことになっている．

　わが国の道路の状況を示したものが表1・6である．道路の整備には国・自治体ともに努力しており，年々よくなってきている．なお，主要地方道というのは道路法第56条によって，とくに整備または調査の必要があって国より補助を受けている都道府県道または市道のことである．

　わが国の道路総延長は表1・6に示すとおり約118.3万kmで，わが国の総面積約 377,800 km^2 で割ると道路の密度は約 3.13 km/km^2 となる．

　改良・舗装の状況は表1・6のとおりで，幹線となる都道府県道以上の道路に

表1・6　道路の現状（平成15年当初）

区分	実延長(km)	改良済 延長(km)	改良済 比率(%)	舗装済 延長(km)	舗装済 比率(%)
高速自動車国道	7,196	7,196	100.0	7,196	100.0
一般国道	54,004	50,527	93.6	53,601	99.3
主要地方道	57,673	48,323	83.8	56,350	97.7
一般都道府県道	71,046	50,222	70.7	67,150	94.5
国都道府県道計	182,723	149,072	81.6	177,101	96.9
市町村道	992,674	529,665	53.4	740,726	74.6
一般道路計	1,175,397	678,737	57.7	917,827	78.1
合計	1,182,593	685,933	58.0	925,023	78.2

(注)　1．道路統計年報―2004年版―（全国道路利用者会議発行）
　　　2．舗装済は簡易舗装を含んだものである．

表1・7　道路投資額（名目額）

年度	総道路投資（億円）
（昭和）30	737
40	7,580
50	30,584
60	69,742
（平成）7	139,647
12	127,328
14	113,684

(注)　この表は決算額である．

対して規定どおりの改良が終わったものは81.6%で，舗装は96.9%である．市町村道は改良率・舗装率ともにその値はさらに小さい．

　道路の改良・舗装には多額の費用が必要である．わずかな費用をかけたぐらいでは非常な勢いで増加している自動車に対応できない．表1・7は昭和30年以降の道路投資額の推移を示したものである．平成7年をピークに以後減少気味である．

　第二次世界大戦中および戦後しばらくの間は道路費が非常に切りつめられていた．しかし，道路の重要性が認識されるに伴って道路費も徐々に増額し，平成5年度より総額76兆円の第11次5か年計画が実施され，さらに平成10年度より総額78兆円の第12次5か年計画が始まっている．財源に関しては昭和28

年，道路整備に関する臨時措置法が成立して，昭和29年以降はガソリン税相当額は国の道路費に計上することができると定められて，道路財源確立の第一歩が踏み出された．

交通事故の推移を示したものが表1・8である．交通事故においては，事故発生後24時間以内に亡くなった人を死亡者としている．昭和45年にもっとも多くの死亡者(死亡者16,765名，負傷者981,096名)を出しているが，以後各方面の努力によってかなり減少してきた．この交通事故をいかにして防ぐかはやはり今日の緊急な課題の一つである．

表1・8 交通事故の推移

年　次	死亡者	負傷者
(昭和) 30	6,379	76,501
40	12,484	425,666
50	10,792	622,467
60	9,261	681,346
(平成) 7	10,679	921,677
12	9,066	1,155,697
14	8,326	1,167,855
16	7,358	1,183,120

1・5 道路に関する法規

道路を整備し，その利用を能率的にするためいろいろな法律・規則が出されている．そのうち主なものについて次に簡単に述べてみよう．

(1) 道　路　法(昭和27年6月10日公布)

この法律は道路網の整備を図るため，道路に関して路線の指定および認定・管理・構造・保全・費用の負担区分などに関することを定めたものである．

(2) 道路整備特別措置法(昭和31年3月14日公布)

有料道路(Turnpike, Toll road)について規定したものである．この法律は有料道路の新設・改築・維持・修繕その他の管理を行う場合の特別の措置を定めたものである．

(3) 道路構造令(昭和45年10月29日公布)

道路の構造に関する事項を定めるもので，旧構造令が昭和33年公布され，そ

の後昭和45年に新しい構造令が制定された．この新構造令は昭和46年4月以降施行されて以来たびたび改正されている．

その他道路に直接・間接関係のある法規は多くあるが，その主なものの名称を次に掲げておこう．

道路交通法，道路法施行法，道路運送法，交通整備緊急措置法，高速自動車国道法，国土開発幹線自動車道建設法，道路標識・区画線及び道路標示に関する令，道路運送車両法，車両制限令，交通安全施設等整備事業に関する緊急措置法，軌道法，駐車場法，共同溝の整備等に関する特別措置法，揮発油税法，日本道路公団法，都市計画法，建築基準法

以上の各法律にそれぞれ適宜施行令あるいは規則などがあって，補完の役割を果たしている．

問　題

1・1　現在住んでいる都道府県内を通っている一般国道・高速自動車国道の道路網を調べよ．
1・2　現在住んでいる都道府県内の自動車の保有台数が過去においていかに推移したかを調べ，将来の傾向を推定せよ．
1・3　現在住んでいる都道府県内の道路の歴史について調べよ．

第2章 調査および計画

2・1 道路調査の必要性

　道路のない所に新しく道路を造る，また現在ある道路の幅を広げあるいは舗装する，このような事業に際しては，相当の調査・検討が必要である．立派な道路を造っても自動車がほとんど通らないようでは困るし，また逆に道路の構造にくらべて自動車が多すぎても困る．このようなことがないために，工事前の綿密な調査が必要となる．工事を行ったための便益はどの位か，道路の現状や交通の状況はどうか，道路と付近の経済状況との関係はどうなっているか，また工事直前には測量もしなければならないし，土質調査も必要である．

　これらの調査に基づいて計画が立てられ，工事が開始される．すなわち調査は計画につながり，調査の内容・方法は計画の内容に応じて定められる．主な調査と計画との関係を表示するとだいたい図2・1のようになる．

　調査には図2・1のほかに駐車場設置のための調査や，有料道路の採算性の調査，踏切除去のための調査などの特殊調査がある．また，計画にも交通規制・交通信号・駐車場の設置あるいは交通事故防止などの特殊な目的のための計画

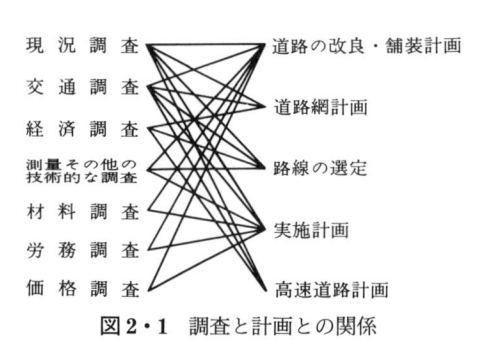

図2・1　調査と計画との関係

がある．

　この章では，以上のうちの現況・交通・経済の調査および図 2・1 に示す各計画のうち高速道路計画を除いたものについて説明する．

2・2　現　況　調　査
通常次のようなことについて現況を調査する．
(1) 道 路 延 長
　ⅰ) 実延長，　ⅱ) 改良・未改良別延長，　ⅲ) 橋梁・トンネル・渡船場延長，　ⅳ) 幅員別延長，　ⅴ) 路面別延長
調査方法には次のような方法がある．
　ⅰ) 自動車の距離計による方法，　ⅱ) 地図による方法，　ⅲ) 実測による方法，　ⅳ) 航空写真による方法
(2) 幅　　員
次のものの幅員を通常テープを用いて実測する．
　ⅰ) 車道,車線数，　ⅱ) 歩道，　ⅲ) 副道，　ⅳ) 植樹帯，　ⅴ) 中央帯，ⅵ) 分離帯，　ⅶ) 路肩，　ⅷ) 側帯，　ⅸ) 停車帯，　ⅹ) 自転車道，　ⅺ) 自転車歩行者道，　ⅻ) 駐車帯，　ⅹⅲ) その他
(3)　曲線半径および曲線長
　ⅰ) 実測による方法
　ⅱ) 自動車の距離計と自動車に装置した簡易コンパスによる方法
　通常は ⅰ) の方法によっている．自動車を利用する場合には，曲線の始点 A および終点 B において，曲線につながる直線部 CA および BD の方位をとり，その両方位の差を求めれば，それが両直線 CA，BD の交角 θ である．曲線長す

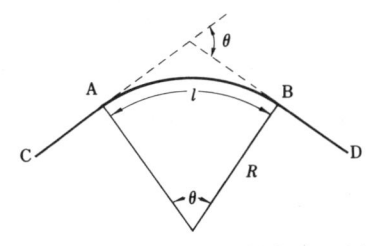

図 2・2　自動車による曲線半径の測定

なわち曲線部ABの長さlは自動車の走行距離で測定し，曲線半径Rは次の式で求める．

$$R = \frac{l}{\theta} \tag{2・1}$$

（4）縦　断　勾　配

　ⅰ）実測による方法

　ⅱ）自動車に装置した簡易勾配測定器による方法

　通常はⅰ）により，レベル・ハンドレベルあるいはクリノメータを使用して行う．ⅱ）の方法は，曲がったガラス管を自動車に取り付け，このガラス管の気泡の位置により勾配を求めるものである．この縦断勾配の測定法はそのまま道路の横断勾配・片勾配の測定にも適用できる．

（5）路　面　状　況

　路面の種類，路面の良否，横断勾配・片勾配の状況などについて調べる．

　まず観察によってその状況を知る．路面によって自動車の速度や燃料の消費量は影響を受けるので，このことを利用して路面の良否を判定することも可能である．また，自動車運転操作について，ハンドルの回転角・アクセレレータペダルの踏量・ブレーキの使用回数等を自記記録させておけば，路面状態を判断する資料になる．

　ペドメータ・振動強度分類計・三成分加速度計・バイアログなどの機器を使って路面の良否を判定することもある．

（6）建　築　限　界

　鉄道が上を通っている場合，クリアランスが十分なかったために大きな事故が発生したことがある．主としてこのクリアランスに注目して調査する．

（7）視　　　距

　4・6節で詳しく述べるが，視距は見通し距離のことであり，これが十分でないと交通の円滑を阻害し，また交通事故をひきおこす．視距の不十分な箇所についてその状況を把握するために調査する．

（8）橋　　　梁

　次のようなことについて調査し，橋梁現況調査表としてとりまとめる．

　ⅰ）橋長，　ⅱ）幅員，　ⅲ）橋種，　ⅳ）形式，　ⅴ）架設年次，　ⅵ）耐

荷荷重

　とくに橋長 30 m 以上の橋については，以上のほか，構造上の諸要素，工事費などについても調査し，重要橋梁構造調査表としてとりまとめる．

　以上のほか，必要に応じてたとえば交差や排水の状況その他についても調査する．なお，調査の結果は道路図上に記入して整理するのがよい．

2・3　交　通　調　査

　図 2・1 に示すように道路のいろいろな計画にあたって交通調査は欠くことができないものである．すなわち交通量，交通速度，自動車の出発地・目的地をはじめ交通事故あるいは交通の遅滞状況などについて必要に応じて調査しなければならない．ここでは前四つについて説明する．

(1) 交　通　量

　この交通量調査は目的に応じて路線・箇所を適宜選定して行えばよいが，混雑する交差点あるいは幹線道路が対象になることが多い．一般に交通の種類別の量・方向・時間的変動などに着目して調査が行われる．この調査は 1 本の道路の改良・舗装の問題に対しても役立つが，広範囲に行えば道路網の計画や交通規制その他の各種の道路交通問題解決のための基礎的な資料を提供する．

　なお，国土交通省においては原則として 5 年ごとに全国的な調査を行うことになっている．これを一般交通量調査といっている．最近では現在の交通事情を考慮して 3 年ごとくらいにその間隔を縮めて行っている．

　(a)　**調査対象および事項**　　調査の対象となる交通は，その調査の目的に応じて決めるべきであるが，国土交通省の一般交通量調査では次のものを対象にしている．

　ⅰ) 歩行者 (人数)，　ⅱ) 自転車 (台数)，　ⅲ) 荷車・牛馬車類 (台数)，　ⅳ) 原動機付自転車 (台数)，　ⅴ) 自動車類 [イ) 軽自動車・自動二輪車 (台数)，ロ) 小型乗用自動車 (台数)，ハ) 普通乗用自動車 (台数)，ニ) 乗合自動車 (台数)，ホ) 小型貨物自動車 (空・積の別，台数)，ヘ) 普通貨物自動車 (空・積の別，台数)，ト) 特殊車 (台数)，チ) 軍用車類 (台数)]

　この対象は調査目的に応じて適当に取捨してよく，また場合によってはたとえば電車のようなものを加える．

以上の交通そのもののほか，調査箇所について次のようなものも調べる．
　ⅰ）平均車道幅員，　ⅱ）歩道の有無，　ⅲ）路面の種類，　ⅳ）路面の状況，　ⅴ）沿道の状況

（b）調査路線および箇所　調査目的に応じて調査路線および箇所を選定すればよいが，一般に交差点，事故多発地点，主要公共施設の近所，また交通流の状況を知るためには交差点間の中間点などがよく選ばれている．国土交通省の一般交通量調査では，全国的に交通の流れの状況を知るために通常幹線道路の交差点間の中間点が選ばれており，また経年変化を知るために原則的にいつも同一点で調査が行われている．

（c）調査の時期・時間　交通の状態は月・日・時刻だけではなく，季節・曜日・天候などによっても変化するので，調査の時期を適当に選ばないと，片寄った結果を得ることになる．

季節は春季・秋季が比較的安定しており，曜日は月～金曜は比較的似ているが，土・日曜はまったく異なる状況を示す．また，1日中の変動は図2・3のように朝・夕2回のピークを示す．夜間の調査は困難なため，通常午前7時から午後7時までの12時間調査することが多い．この12時間交通量と1日間すなわち24時間交通量との間にはだいたい次のような関係がある．

$$12 時間交通量 ≒ 0.7 \times (24 時間交通量) \qquad (2・2)$$

これより

$$24 時間交通量 ≒ 1.4 \times (12 時間交通量) \qquad (2・3)$$

国土交通省の一般交通量調査においては，通常春季(6月)，秋季(10月)の2回行っている．日数は各季とも3日間，観測時間は午前7時から午後7時まで，

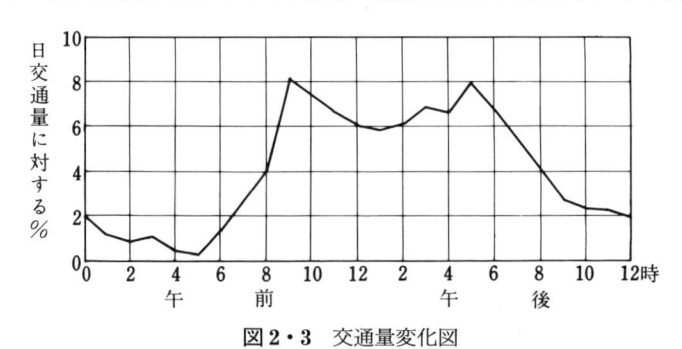

図2・3　交通量変化図

特別な場合には観測時間を延長することがある．

道路の交通量は前にも述べたように，月・日・時刻・季節・天候あるいは道路の性格によって変化する．したがって，たとえば春秋2回3日間の調査だけで，1年間の交通状況を判断することは危険であり，ここに長期間の交通状況の時間的変化を調査する必要を生ずる．

（d） **調査の方法**　通常観測員を配置して記録用紙に記録する．通過する交通の種類と時刻を記録し，後で整理する．

最近自記交通量計が用いられるようになり，常時観測が容易になった．しかし車種については判定ができないので，別個に観測の必要がある．

（e） **調査結果の表し方**　調査の結果はいろいろな形の表で示すと共に調査図を作製して図示する．調査図は通常自動車について，適当な縮尺の地図（たとえば1/20万）に次のようなことを記入する．

　ⅰ）観測点番号，　ⅱ）路線番号，　ⅲ）道路の幅員，　ⅳ）交通量

交通量はその多少に応じてそれぞれ適当な太さの線で示す．交通量の変化の状況を示すためには，各時間ごとの交通量の％を図2・3のように図示する．この図2・3の縦軸として日交通量に対する％の代わりに交通量そのものを使用したもの，あるいは交通量の平均値に対する％を使用したものなどもある．

（2） 交 通 速 度

自動車の速度とは通常ある地点を通る瞬間速度をいうが，そのほかに二地点間を走るのに要する平均速度などがある．前者を地点速度，後者を走行速度という．3・3節で述べるように速度の種類はこのほかにもあるが，ここではこの二つについて調査方法を述べよう．

地点速度は距離のわかった二地点を設定し，その間を走るのに要する時間を測って，この時間で距離を割れば求まる．

走行速度は通常二地点において通過する自動車のプレート番号と時刻を記録し，後で計算によって求めているが，調査車を走らせて求めることもある．

（3） 出発地・目的地調査

自動車の出発地と目的地とを明らかにするもので，これによって道路網はじめ各種の計画に対して大切な資料が与えられる．起終点調査あるいはOD調査（Origin and Destination Survey）ともいっている．調査方法としては次のよう

なものがある．

ⅰ) 自動車を止めて質問する方法：出発地・目的地を聞く．
ⅱ) 調査用の葉書による方法：出発地・目的地を記入して郵送してもらう．
ⅲ) 自動車の登録番号による方法：駐車している車のプレート番号を読みとり，ここを目的地，登録番号簿の車庫所在地を出発地とする．また通過自動車のプレート番号を記録して，その自動車の通過経路を知り，最初の通過地点を出発地，最後の通過地点を目的地とする．
ⅳ) 自動車に調査票を渡す方法：ある地域に入るときに調査票を渡し，出るときにその調査票を回収する．
ⅴ) 郵便による家庭調査による方法：あらかじめ調査票を郵送しておき，調査当日の自動車の運行状況を記入してもらい，それを回収する．
ⅵ) 家庭訪問による方法：家庭訪問して調査前日の自動車の運行状況を調べる．

出発地・目的地調査の結果は表2・1あるいは表2・2のように表示したり（この表を通常OD表という），または図2・4のように交通希望線(Desired line)を用いて図示したりする．

一般の交通計画の資料にするために，人の動き，いわゆるパーソントリップ(Person trip)調査あるいは物の動き，すなわち物資流動調査も行われている．

(4) 交通事故調査

交通事故の調査は通常警察関係で行っている．事故に関するあらゆる情報を

表2・1　ゾーン間交通量表

出発地＼目的地	i	j	k	l	…	O計
i						
j						
k						
l						
⋮						
D計						

表 2・2 ゾーン間交通量表

i	j	k	l	…	計
t_{ii}	t_{ij}	t_{ik}	t_{il}		t_i
	t_{jj}	t_{jk}	t_{jl}		t_j
		t_{kk}	t_{kl}		t_k
			t_{ll}		t_l
				…	
					Σt

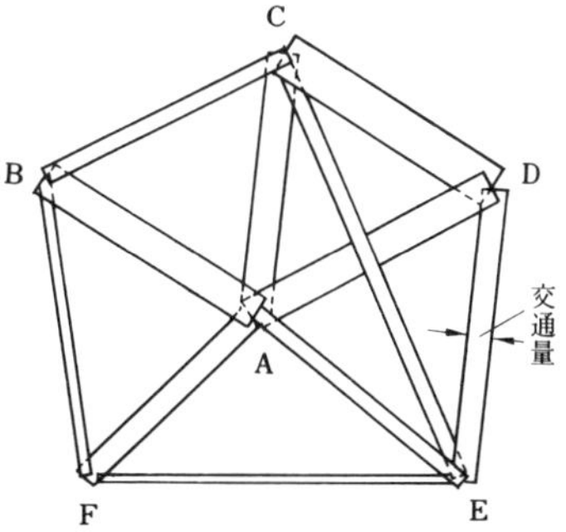

図 2・4 交通希望線
（幅で交通量を示す）

客観的に記入できるように，統一された様式が使われている．その記入する主な内容は次のとおりである．

事故発生の日時，場所，天候，事故区分，原因者，道路など場所の状態，原因，車両の状態，自然環境など．

2・4 経 済 調 査

経済調査には，人口・土地利用・生産物の状況などのように，ある特定の地域の経済状況がどのようになっているかということのほかに，道路の良否が人あるいは貨物の輸送費に及ぼす影響，また動いている自動車の損傷あるいはガソリンの消費量に関することもある．さらに道路以外の交通機関も調べる必要があることがある．

(1) 経済に関する調査および予測

経済に関する調査を本格的に行うことは，とくに大きな計画を立てる場合の他は不可能である．通常はいままでにある資料を整理し，それに基づいて将来を予測する．調査にかかる前に対象になる道路あるいは道路網の計画に影響があると思われる区域すなわち勢力圏を限定する必要がある．この勢力圏は地形，道路網の状況あるいは交通量の分布状況からほぼ判断できるが，必ずしも市町村の境界と一致するとは限らない．しかし資料の関係から通常市町村を1単位として調査することが多い．調査事項の主なものは次のとおりである．

i）人口，　ii）就業人口，　iii）土地利用状況（用途地域指定状況も含む），

iv）生産物および生産額，　v）商品販売額，　vi）工場の分布状況，　vii）住宅団地，　viii）自動車交通発生施設（各種公共施設，レクリエーション施設など），　ix）資源，　x）物資の移動状況，　xi）自動車保有台数，　xii）市町村財政

これらについていままでの推移がわかれば，これを時系列的に引き伸ばすか，または各市町村の作っている計画（たとえばマスタープラン）があればそれに基づくなりして，将来を予測する．

（2）交通関係の調査

道路以外の交通機関，すなわち鉄道・水路・空路などについて次のようなことを調査する．

ⅰ）経路，　ⅱ）駅・港・空港などの拠点の位置，　ⅲ）旅客・貨物の輸送状況（過去の推移を含む）

旅客輸送についてはとくに朝夕のラッシュ時の状況に注目する．また道路交通のうち，バス路線網およびその輸送状況の調査も忘れてはならない．

（3）道路運輸費

道路上を自動車が走るのに要する費用，この費用の多少によって鉄道や船の運賃とも比較できるし，また道路を改良したことの効果が判定できる．この道路を自動車が走るのに要する費用すなわち道路運輸費（Costs of highway transportation）は，道路に必要な費用である道路費（Road costs）と車両に必要な費用である車両費（Vehicle costs）との合計で，通常年単位で考える．対象とする道路はある1本の道路でもよいし，ある一つの道路系統でも，またある道路1kmあたりでもよい．

道路費はこの道路あるいは道路系統を，現在の交通状況で，ある標準的な状態に保つのに要する費用であって，その表し方にはいろいろあるが，だいたい次の式で表すことができる．

$$C_r = \left(\frac{I+S}{2}\right)r + \frac{I-S}{n} + M + O \qquad (2\cdot4)$$

ただし　C_r = 1年間あたりの道路費
　　　　I = 投下資本
　　　　S = 経済的寿命 n 年後の残存価値

$r =$ 長期資本に対する年利率

$n =$ 経済的寿命

$M =$ 定常的な1年間の維持修理費

$O =$ 1年間あたりの管理費

投下資本 I は初めの新設あるいは改良のときの資本で，用地費・工事費など最初に必要な費用すべてを含み，S は経済的寿命 n 年後に再び工事を行うときの残存価値である．第1項 $\left(\dfrac{I+S}{2}\right)r$ は，n 年間の毎年の利子支払いの必要な平均資本を I と S との平均値 $\dfrac{I+S}{2}$ と考えて，それに r を掛け毎年必要な資本に対する利子を求めたものである．第2項 $\dfrac{I-S}{n}$ は n 年間に $I-S$ だけ資本が減ったと考えて，1年間あたりの資本の消耗額を求めたものである．なお，I および S は物価の変動に応じて適宜換算する必要がある．

車両費は路面状態・勾配・速度・混雑状態などの影響を受け，路線選定あるいは道路改良の要否の決定などのような道路に関する計画を行うのに重要な資料を提供する．その表し方には道路費と同じくいろいろあるが，式(2・4)と同じ形のものを用いることができる．すなわち

$$C_v = \left(\dfrac{I'+S'}{2}\right)r' + \dfrac{I'-S'}{n'} + M' + O' \qquad (2・5)$$

ただし　$C_v =$ 1台1年間あたりの車両費

$I' =$ 車両購入費

$S' =$ 経済的寿命 n' 年後の残存価値

$r' =$ 長期資本に対する年利率

$n' =$ 経済的寿命

$M' =$ 車両の1年間あたりの維持修理費

$O' =$ 1年間の運転管理費

以上考えてきた道路費・車両費の和がすなわち道路運輸費で，ある道路の1年間1km あたりの道路運輸費は次のような式により求めることができる．

$$C_t' = C_r' + NC_v' \qquad (2・6)$$

ただし　$C_t' =$ ある道路の1年間1km あたりの道路運輸費

C_r' = 1年間1kmあたりの道路費
N = 調査地点における1年間の交通台数
C_v' = 1kmあたりの車両費

C_r'は式(2・4)で求めたC_rを1kmあたりに直したものであり，C_v'は式(2・5)で求めたC_vより1kmあたりの車両費を求めたものである．

道路運輸費が最小となる道路がもっとも経済的なわけである．道路費と車両費との関係は，道路費が大になれば車両費は小，道路費が小になれば車両費は大となる．すなわち道路をよくすれば車両費は少なくてすみ，道路改良の目的の一つはここにある．

(4) 経済効果の判定方法

前述のように道路に費用をかければ走行する自動車に必要な費用は少なくてすむ．この道路を建設しあるいは改良したために生じた経済効果を判定する方法としては，便益費用分析，インパクト・スタディ，地域間産業連関分析の三つがある．前の二つは直接的な効果を知るには有効であるが，産業間や地域間の波及効果あるいは総合効果を知るには不十分で，これに対しては地域間産業連関分析がよい．

(a) 便益費用分析　便益費用分析(Benefit cost analysis)は，道路建設あるいは改良がもたらす経済的効果を受益者の立場から，建設あるいは改良が行われた場合と，行われない場合との比較によって測定するものである．この場合受益者は直接的受益者だけではなく，沿線地域の間接的受益者も考えるべきであるが，後者に対する判定がきわめて困難なので通常は直接的受益者である道路利用者だけを対象にすることが多い．この場合通常次のようなものについて計測している．

ⅰ) 道路利用者費用(走行費用，走行時間)，　ⅱ) 交通事故，　ⅲ) 快適性と利便性

ⅰ)とⅱ)は金額に換算して考えるが，ⅲ)はそれが困難なので適宜推測することになる．

(b) インパクトスタディ　インパクトスタディ(Impact study)は，いろいろな経済効果について計測して，道路建設あるいは改良の効果を知ろうとするものである．比較する経済指標としては次のようなものがある．

ⅰ）人口，産業別就業人口，　ⅱ）産業別，規模別事業所数，　ⅲ）産業別生産所得，　ⅳ）車種別自動車保有台数，　ⅴ）道路交通量，出発地目的地別交通量，　ⅵ）輸送費用，輸送時間，　ⅶ）土地価格，　ⅷ）観光客数

比較を道路の建設・改良前と後，あるいは道路の建設・改良地域と他の地域との間に対して行って，経済効果を判定しようとするものである．

（c）地域間産業連関分析　ある産業が成り立つためには，他の産業からいろいろな物資の供給を受ける必要がある．このことはどの産業についても同じで，お互いに「もちつもたれつ」の関係にある．また同一の物資の生産地は1か所とは限らない．ある工場が必要な物資を手に入れたいとき，もし，生産地における価格が同一ならば，輸送費の安いところから購入するであろう．このように産業間に物資の移動があり，その移動は当然それに必要な輸送費が最小になるような形で行われるであろう．

このような考え方に基づいて，道路の建設・改良が行われたら，各産業間の物資の移動にどのような変化が起こるか，輸送費したがって生産費にどのような影響が及ぼされるかを判定することが可能である．すなわち道路の建設・改良が対象地域全体にどのような効果を及ぼすかが総合的にわかる．

2・5　道路の改良・舗装計画

道路の状況をいろいろな観点から検討し，改良あるいは舗装する優先順位（Priority）を決める必要がある．表2・3は道路改良・舗装の効果を示したものであるが，まずこのような効果について検討してみる．

次に上記の効果に差異が認めにくい道路がいくつかあるときには，交通の安全・速度・快適，路体の強度等を考慮して優先順位を決める．歩道がない，幅員が狭い，曲線が悪いなどのときには改良を，路面が痛みやすくて維持が困難なときには舗装を急ぐ必要がある．

2・6　道路網計画

未開発地を開発する場合のように，白紙のところに道路網（Road system）を作ることもあるけれども，わが国においては，多くの場合，いままでにすでに道路のあるところにおいて，道路の利用にむだのないように，また自動車が円

表 2・3　道路改良・舗装の効果

経済効果	直接的な経済効果	輸送費の減少	(1)燃料その他消耗材料の節約 (2)運転時間の減少，運転回数の増大 (3)車両の大型化したがって積載量増大 (4)車両の損傷度の減少 (5)荷造費の節約 (6)人件費の節約
		輸送量の増加	(1)輸送費減少に伴う生産ならびに輸送量の増加 (2)他の交通機関からの輸送の転換 (3)地方開発に伴う輸送量の増加 (4)滞荷の減少
	間接的な経済効果		(1)天然資源の開発，物的資源の価値の上昇 (2)各種産業の発達 (3)土地の価格上昇 (4)地方住民の所得上昇
経済効果以外の直接的効果			(1)歩行者・自転車を含む交通の安全度の増大 (2)快適度の増大 (3)車両乗務員の疲労の減少 (4)時間の節約 (5)道路の美化およびほこりの防止 (6)沿道住民の迷惑の減少および衛生状態の改善
その他の効果			(1)地方住民の社会的，文化的生活の向上 (2)地方の観光的開発 (3)都市分散に対する貢献 (4)防火など防災に対する貢献

滑に走行できるように道路網を組み直すことが多い．

　道路網の計画にあたっては，次のことが満足されなければならない．

　ⅰ）道路網に属する地域で，この道路網を利用できないところがないようにする．

　ⅱ）自動車交通量と道路の通しうる能力すなわち交通容量をつり合わす．

　ⅰ）によって地域内どこでも道路の利用ができ，ⅱ）によって自動車が自分の通りたい道路を通ることができ，かつ遊んでいる道路がなくなる．

　道路網を計画するときにまず調べなければならないことは，既存道路の交通量，対象地域内の出発地・目的地調査である．この調査結果に基づいて将来の自動車の流れの状況を推測し，その流れに合うように道路網を作るのである．

　広い地域の道路網の場合には，道路の延長に応じて，その道路の沿線の都市

の数，人口，産業生産物の量，自動車保有台数などがどのように増加するかを調査する．その増加具合によって道路網が有効な働きをしているかどうかがわかる．

　都市内の道路網の計画にあたっては，内部交通と，外から入ってくる交通，それに通過交通をそれぞれ考える必要がある．内部交通に対しては，出発地・目的地調査から出てきた，将来の自動車の流れに合わせて道路網を作る．外から入ってくる交通に対しては，外部に設けた適当な環状線で一応受けとめて，目的地近くまで運び，市街地内にいれるのがよい．通過交通はバイパス (By-path) によって流し，都市の内部を通さないようにする．

　都市内高速道路も一般街路に対してバイパス的な役割を果たし，有効である．

2・7　路 線 の 選 定

　いくつかの路線候補のなかから一本の路線を選定する．

　路線の選定の良否は工事費に対してだけでなく完成後において社会的，経済的に大きな影響を及ぼし，また維持費に対しても大きな関係をもつ．したがって路線を選ぶにあたっては，経済的な面と技術的な面とに対し十分な調査・検討が必要である．経済的な面としては，資源開発あるいは物資輸送に与える影響を考えると共に道路運輸費を小さくすることも考えなければならない．技術的な面としては，交通量，車の種類・大きさ・重量・速度などこの道路を利用するものについて調査すると共に，地形，土質，気象などを調べる必要がある．道路の延長，屈曲，勾配，視距，交差，橋梁などの問題あるいは工事を行うときの資料すなわち工事材料の有無，運搬法，労力の供給状況，完成後に必要な維持費などを考慮しておかなければならない．

　以上のような調査・検討の後，その道路の構造，規模を定め，数本の比較路線を選定する．この比較路線の選定には，いままでにある地理調査所の地図 (1/50,000，1/25,000，1/10,000) のようなものを利用するか，あるいは航空写真を併用して行う．

　これら数本の比較路線が決まったならば，これに対してもう一度前に述べたような経済的および技術的な面，あるいは付近の交通の状況，沿道の住居，地価，産業状況などに及ぼす影響，交通事故の発生の可能性などについて検討を

行い,最後に1本の確定路線を定める．この確定路線について測量,地質調査などを行って実際の建設工事に対する準備をなし,また路線を現地におとす作業を行う．

2・8 実 施 計 画

実際に工事に着手するときに作る計画で,まずどの工事を先に行うか,いわゆる優先順位（Priority）を決定する．優先順位が決まったならばだいたい次の順序で実施計画を作ってゆく．

（a） **実施のための測量・調査** たとえば先の路線の選定のところで示した最終段階の作業がこれである．すなわち確定路線の測量,用地関係の測量,土質調査などを行う．

ⅰ）路線の測量：平面・縦断・横断などの測量を行い,図面を作成する．

ⅱ）用地関係の測量：用地の取得,物件移転,補償などのための測量で,通常 1/600 の縮尺で精密に行う．

ⅲ）地質調査：地盤の状況を知って対策を考えるための調査,盛土材料や路床・路盤材料入取のための調査,土工量算定のための調査などがある．

（b） **設計図の作成** 次のような設計図を作成する．

ⅰ）計画道路の位置を示す一般平面図（縮尺 1/50,000）, ⅱ）計画道路の中心線や構造を示す実測平面図（縮尺 1/1,000〜1/5,000）, ⅲ）実測縦断図（縮尺：縦 1/100,横 1/1,000）, ⅳ）実測横断図（縮尺 1/100）, ⅴ）標準横断図（縮尺 1/50）, ⅵ）構造物設計図

（c） **仕様書作成** 設計図で表現できない設計者の意図を施工者に示すために,必要事項について書きしるす．

（d） **実施計画の作成** 工事種別ごとに,数量・単位などを求め,また必要な資材・労務・機械などについても調べて示しておく．

―――― 問　題 ――――

2・1 車両費を安くするにはどうしたらよいか．

2・2 現在住んでいる都市において,道路交通上改良の必要ある箇所を五つ選び,ど

うしたらよいか，その方法を述べよ．

2・3　N23°E 方向に向かって直線道路を走っていた時速 60 km の自動車が，一定半径の曲線を通過して後，N13°W 方向の直線道路にふたたび出た．曲線部通過に要した時間が 15 秒ならば，この曲線の半径はいくらか．

2・4　現在住んでいる都市の自動車交通の状況を調査し，全市的につり合いのとれた交通の流れにするためには，道路網をどのように改良したらよいかを検討せよ．

2・5　新しい路線を決めるときには，どのようなことを調査したらよいか．

第3章 交通流

3・1 まえがき

道路上を通るものには自動車をはじめ歩行者・自転車・福祉電動車や荷車などの緩速車，さらに場合によっては路面電車がある．このうち道路に対してもっとも大きな影響を与えるのは自動車である．この自動車交通は多くの問題をかかえている．いたるところで交通は麻痺し，交通事故は多発し，公害をもたらし，また駐車場の不足が目立つ．このように問題の多い道路交通に対応するために考えなければならないことは，ⅰ）運転者，歩行者の教育，ⅱ）自動車，歩行者の誘導，ⅲ）交通施設の整備の三つである．

アメリカで three "Es"，すなわち，Education, Enforcement and Engineering という言葉を使っているが，これに相当しよう．

以上のような道路交通の問題を取り扱う分野が道路交通工学（Traffic Engineering，単に交通工学ということも多い）である．

3・2 交通流の特性 (Traffic flow characteristics)

(1) 横断方向における車の分布状況

自動車が安全に走行するために必要な幅を車線 (Lane) という．道路の方向別利用状況は車線数によっていろいろ異なっている．

（a）1車線のとき　往復が不可能であるから，1方向にだけ交通可能である．一方通行に確定するか，あるいは時間を区切って交代で方向を変えるかしなければならない．

（b）2車線のとき　通常は1方向に対し1車線を使う．しかし立体交差の連結路のようなときには1方向に対して2車線を使うこともある．

（c） 3車線のとき　　外側の2車線を方向別交通に，真中車線を追越し用に使う場合と，3車線中2車線を多交通方向用に，1車線を少交通方向用に使う場合とがある．後者の例としては，通勤交通に対して朝は住居地より業務地に向かって2車線を，夕方はその逆方向に2車線を使うというようなことが考えられる．

（d） 4車線のとき　　次のような使い方が考えられる．

ⅰ）各方向2車線ずつ使う．　ⅱ）多交通方向に3車線を，少交通方向に1車線を使う．　ⅲ）通常は外側車線だけを使い，内側車線は追越し用に使う．

（e） 多車線のとき　　5車線以上の車道に対してもいままでに述べたことに準ずればよい．すなわち

ⅰ）各方向平均に使う．　ⅱ）多交通方向に多くの車線を，少交通方向に残りの車線を使う．　ⅲ）追越し車線を残しておく．

（2） 縦方向における車の分布状況

（a） 車の間隔　　1本の車線を自動車が連続して走るとき，各車がおたがいの間隔をどの程度あけて走っているかということは，その車線の交通状態と密接な関係がある．車の間隔は通常車の頭から次の車の頭までを考える．すなわち，ある地点で前車の頭が通過して次の車の頭が通過するまでの時間間隔を車頭時間間隔（Headway，車頭時間）といい，前車の頭から次の車の頭までの距離を車頭間隔（Space gap，車頭間距離）という．また車の後部から次にくる車の前面までの距離を車間距離（Following distance）という．

自動車の列があって，その車頭時間間隔の平均値がわかれば，この値で時間を割ればその時間内に通過する自動車の数すなわち交通量がわかる．したがって，次の式が成り立つ．

$$平均車頭時間間隔（秒） = \frac{3,600}{交通量（台/時）} \qquad (3・1)$$

車頭時間間隔は，たとえば道路の路面や路側の条件，車の種類・速度，運転者などいろいろなものの影響を受ける．

最小車頭時間間隔は，連続的に自動車が流れている場合と，停止している自動車が動き始める場合とではその値が異なる．前者の場合の値は1.5〜2秒程

度, 後者の場合の値は先頭車に近い車においては大きく, たとえば3.8秒ぐらいからしだいに小さくなり, 2.1秒ぐらいまで減少する.

(b) 交通密度 単位距離たとえば1kmあたり何台の自動車が走っているかの値を交通密度 (Traffic density) という. この交通密度は交通量と密接な関係にあり, また自動車の走行速度に影響を与える. 交通量と交通密度, 空間平均速度との間には次の関係がある.

$$\text{交通量 (台/時)} = \text{交通密度 (台/km)} \times \text{空間平均速度 (km/時)} \tag{3・2}$$

空間平均速度とは, ある瞬間における一定区間内の各車の速度の平均値である.

交通密度すなわち単位距離の間にある自動車台数が多いほど, 空間平均速度は小さくなる. その関係はほぼ直線関係にある. この交通密度の増加による空間平均速度の減少が交通密度の増加に基づく交通量の増加を打ち消さない範囲では, 交通密度の増加は交通量の増加をもたらす. しかし, あまり交通密度が大きくなると空間平均速度の減少の影響が大きくなり, 交通量は減少する.

(3) 交通流のポアソン分布表示

交通流は, 交通量が多くなるに従って車相互間の干渉によって整流に近づく. すなわち前の車が急停止してもさしつかえない程度の間隔を保ってだいたい同じ速度で走るようになる. しかし交通量があまり多くなく, 次の条件が満足されるときには, 車の動きは以下に示すポアソン分布 (Poisson distribution) でおおよそ表すことができる.

ⅰ) 各車の動きが他の車によって影響されない (独立性の条件). ⅱ) 時刻に無関係に同一現象とみなすことができる (斉時性の条件). ⅲ) 時間間隔を非常に短くとると, 現象の起こらない確率が大きい (稀現象の条件).

以上の条件が満足されると, 次の式が成立する.

$$p(x) = \frac{e^{-m}m^x}{x!} \tag{3・3}$$

ただし　$p(x) = $ 一定の時間間隔 (t) の間に x 台の自動車が通過する確率
　　　　$m = $ 一定の時間間隔の間に通過する自動車の平均台数
　　　　$e = $ 自然対数の底 (2.71828…)

m の値は次の式で求まる．

$$m = \frac{Q}{3,600} \times t \qquad (3\cdot 4)$$

ただし　Q = 交通量 (台/時)

　　　　t = 時間間隔 (秒)

式 (3・3) へ $x = 1, 2, \cdots$ を入れると t 秒間に $1, 2, \cdots$ 台の自動車が通過する確率が求まる．また，自動車が 1 台も通過しない確率 $p(0)$ は次のようにして求まる．

いま式 (3・3) の x の代わりに $x + 1$ を入れると

$$p(x+1) = \frac{e^{-m} m^{x+1}}{(x+1)!} \qquad (3\cdot 5)$$

式 (3・3) を式 (3・5) で割ると

$$\frac{p(x)}{p(x+1)} = \frac{x+1}{m} \qquad (3\cdot 6)$$

この式 (3・6) に $x = 0$ を入れて $p(x+1)$ を右辺に移すと

$$p(0) = \frac{1}{m} p(1) = \frac{1}{m} e^{-m} m = e^{-m} \qquad (3\cdot 7)$$

以上のポアソン分布が，実際に適合するのはだいたい次のような場合である．
　ⅰ) 交差点のない 2 車線道路で往復合計交通量 400 台/時以下．　ⅱ) 交差点のない多車線道路で 1 車線交通量 500 台/時以下．

3・3　交通速度

(1) 速度の種類

自動車が距離 D を時間 T で走行するものとすれば，速度 (Speed) は通常 D/T で定義される．しかし，これは時間 T の間の平均速度であって，その時間 T の大小その他の条件に応じて，次に述べるようないろいろな種類の速度が出てくる．

　(a)　**地点速度** (Spot speed)　　ある地点における車の瞬間速度である．

　(b)　**走行速度** (Running speed)　　二地点間を走っているときの平均速度で，その二地点間の距離を停止時間を含まない走行時間で割ったものである．

　(c)　**運転速度** (Operating speed)　　交通条件や道路条件に応じて無理な

く運転できる平均速度をいう．

（d） 区間速度（Over-all speed）　二地点間を走るのに必要な有効速度で，その二地点間の距離を停止時間を含めたいわゆる旅行時間で割ったものである．

（2） 速度の分布状況

ある地点を通過する自動車の地点速度を測定して，その分布状況を知るために柱状グラフ（Histogram）あるいは頻度曲線（Frequency curve）に表してみたものが図3・1である．また，頻度百分率を低速度の方から順次加え合わせて図示したものが図3・2の頻度累加曲線（Cumulative-frequency curve）である．

もっとも頻度の多い速度をモード（Mode，最多速度）といい，この例では37.5 km/時である．また，頻度のもっとも高い速度の範囲を，ペース（Pace）とい

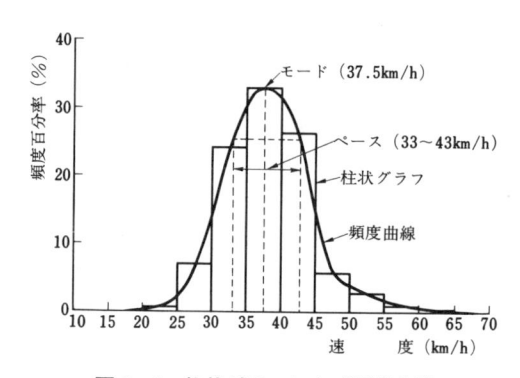

図3・1　柱状グラフおよび頻度曲線

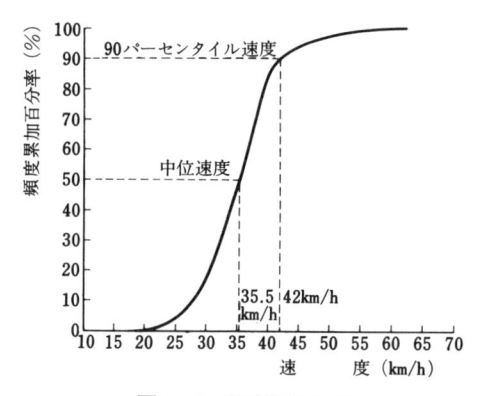

図3・2　頻度累加曲線

い，10 km/時の幅を考えると，この例では 33～43 km/時である．

　頻度累加曲線がえがいてあると，全体の何％がいくらの速度以下で走っているかということがわかる．この全体の何％がいくらの速度以下で走るという，この％に相当する速度をパーセンタイル速度 (Percentile speed) という．たとえば図 3・2 において，90 パーセンタイル速度は 42 km/時である．また，50 パーセンタイル速度を中位速度 (Median speed) という．このパーセンタイル速度は実際の速度の傾向を知るのに有効で，交通規制や設計速度をきめるのに判断の資料を与える．通常速度制限は自由に走行させた場合の 85 パーセンタイル速度付近，設計速度は 90～95 パーセンタイル速度付近の値が使われる．

（3）　速度に影響を及ぼす要素

　自動車の走行速度にはいろいろな要素が影響を与えるが，大きく分けると道路・交通施設の状況，交通の状況，環境ということになる．

（a）　道路・交通施設の状況　　道路の線形，幅員，車線数，縦断勾配，視距，路面，交差点，分離帯あるいは分離線，道路標識，路側の状況など．

（b）　交通の状況　　交通量，車種構成，運転者の状況，駐車状況，自転車や荷車などの緩速車，歩行者，横断歩行者など．

（c）　環　境　　景色，季節，時刻，天候，交通規制，自動車を走らす用務・距離など．

3・4　交通量および将来交通量の推定

　交通量 (Traffic volume) の調査あるいは変動についてはすでに 2・3 節で不十分ではあるが述べているので，ここでは設計に使う交通量，将来交通量の推定などについて述べる．

　将来交通量の推定については，次のようにいくつかの場合に分けて考えてみる必要がある．

　i）二地点間を往来する交通量，すなわち一本の路線を通る交通量がどのように変化するか．

　ii）ある地域をいくつかのゾーン（地区, Zone）に分けたとき，そのゾーン間の交通量がどのように変化するか．

　iii）ii）の各ゾーン内の交通量がどのように変化するか．

ⅰ）の方法は1本の路線ごとに個々に将来交通量を検討することになるので，個別的推定法と呼ばれることがある．これに対してⅱ），ⅲ）は各路線同時に他の経済指標などとの関連で考えて交通量を推定するので，総合的推定法と呼ばれる．

（1）設 計 交 通 量

　まず車道の幅員を決めることを考えてみる．もしこの車道を通る設計交通量がわかっておれば，この設計交通量を1本の車線の通すことのできる自動車台数すなわち交通容量（これについては後に述べる）で割れば，必要な車線数が求まる．車線幅が与えられれば，この車線幅に求めた車線数を掛けることによって車道の幅員が決定できる．この場合設計交通量あるいは交通容量としては1日間を考えることもあるが，一般に1時間単位で考えることが多いので，ここでも時間単位で考えてゆくことにする．

　設計交通量としてもっとも大きい値を採用すれば，混雑することはない．しかしこれでは施設の遊ぶ時間が多くなり，不経済となる．アメリカで従来検討した結果によると，年間（$24 \times 365 = 8,760$ 時間）の30番目の1時間交通量を基準にして考えれば，混雑もさほどでなく，経済的にも妥当のようである．そこでこの30番目時間交通量（Thirtieth highest hour volume）を設計交通量として使うことが多い．

　図3・3は1年間の平均日交通量に対する時間交通量の比（％）を，高い順序に並べたものである．30番目のところで勾配が急に変化していて，これを対象に施設を設けるのがいちばん効率がよいと考えられている．

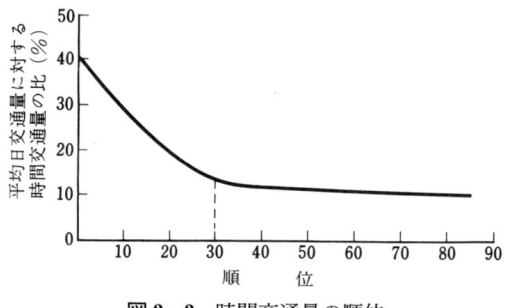

図 3・3 時間交通量の順位

この30番目時間交通量と平均日交通量（Average Daily Traffic, ADT）との間には，だいたい次の関係がある．

$$30\text{番目時間交通量} = \text{平均日交通量} \times (12\sim16)\% \qquad (3\cdot8)$$

平均的には

$$30\text{番目時間交通量} = \text{平均日交通量} \times 15.3\% \qquad (3\cdot9)$$

である．

大都会のように季節的にまた月別に交通量の変動の少ないところでは，30番目より100番目の方が適当であるといわれている．

以上に述べた30番目あるいは100番目の現在の値は交通量の連続調査をやれば求まる．しかし設計交通量としては将来の計画年の値が必要であり，これを推定することが課題となる．

（2）路線交通量の推定

ある1本の路線を考えたとき，その路線の将来交通量は次のようなものからなる．

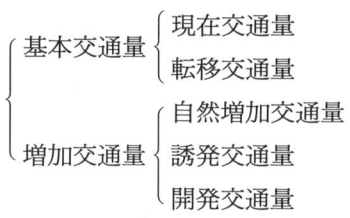

$$\begin{cases} \text{基本交通量} \begin{cases} \text{現在交通量} \\ \text{転移交通量} \end{cases} \\ \text{増加交通量} \begin{cases} \text{自然増加交通量} \\ \text{誘発交通量} \\ \text{開発交通量} \end{cases} \end{cases}$$

（a）基本交通量　基本交通量とは，予測を開始するときにおける交通量である．既存の道路をそのままで考えるときには，基本交通量は現在交通量だけで構成される．新設，改良あるいは舗装が行われたときには，完了直後に他の道路から転移してくるものがあると考えられるが，これが転移交通量である．道路を新設する場合には，この転移交通量だけが基本交通量となる．

転移交通量を推定するには，だいたい次のような順序に従う．

ⅰ）その道路の勢力範囲内において出発地・目的地調査を行う．

ⅱ）その道路を利用する可能性のある出発地・目的地をもつ交通について，他の道路と比較検討する．たとえば所要時間，輸送費などの比較を行い，その道路へ他から転移してくる交通量を推定する．

（b）増加交通量　自然増加交通量は，自動車台数の増加とその利用の状

況が増加することによって増えてゆく交通量である．

誘発交通量は，道路の新設あるいは改良がなかったならば生じなかったもので次の三つからなる．

ⅰ) いままでになく，新たに発生した交通量で，たとえば観光地に新設した道路の交通などがそれである．

ⅱ) 道路が新設あるいは改良された魅力によって行先が変わり，時間の経過とともにこの道路にのってくるもの．

ⅲ) 他の交通機関たとえば鉄道・船舶などから転換してくるもので，前に述べた転移交通量と同じように，所要時間・輸送費などの面から考える．

開発交通量は，道路ができたために開発が進み，これによって増加した交通量である．これを予測するには，現在の土地利用状況を知り，将来の土地利用計画をはっきりさせる必要がある．

(3) ゾーン間交通量の推定

たとえばある都市のゾーン間交通量を求める場合，ゾーンは市域内だけでなく，場合によっては市域外にも考えなければならない．市域内のゾーンを域内ゾーン(Internal zone)，市域外のゾーンを域外ゾーン(External zone)といっている．ゾーン分けが決まったならば，ゾーン間交通量はだいたい次のような順序で推定できる．

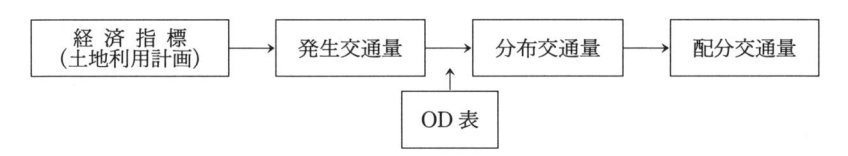

```
┌─────────────┐   ┌─────────┐   ┌─────────┐   ┌─────────┐
│  経済指標    │→│発生交通量│→│分布交通量│→│配分交通量│
│(土地利用計画)│   └─────────┘   └─────────┘   └─────────┘
└─────────────┘                      ↑
                                  ┌─────┐
                                  │OD表 │
                                  └─────┘
```

まず各ゾーンごとに土地利用計画を立てて，交通量を推定するために必要な経済指標を決める．次に発生交通量を求め，これに基づいてどれだけの交通がどこに向かうか，現在の出発地・目的地調査の結果を参考にしてその状況を知る．すなわち分布交通量がそれである．この分布交通量すなわちゾーン間の交通量がわかったら，その交通をどの道路に通すかを決める．この特定の道路へ割り当てた交通量が配分交通量である．このやり方を四段階推定法といっているが，このうち発生交通量の推定を省略する方法を用いることがある．この方法を三段階推定法といっている．

自動車の出発地から目的地までの一つ一つの運行をトリップ (Trip) といい，このトリップの両端をトリップエンド (交通端，Trip end) といっている．したがってトリップエンド数はトリップ数の2倍である．

（a） **分布交通量**　ゾーン間交通量すなわち分布交通量を推定するには次の二つの方法がある．

その一つはグラビティーモデル法 (重力モデル法，Gravity model method) である．これは各ゾーンの人口や経済量などをそのゾーンのもつ質量と考え，ゾーン間の交通量はこの質量間の引力に対応して生ずると考えるのである．すなわちゾーン i と j との間の交通量 T_{ij} は次の式で表されるとするものである．

$$T_{ij} = c \frac{(X_i X_j)^a}{R_{ij}^b} \tag{3・10}$$

ただし　X_i, X_j ＝ それぞれ i, j ゾーンの交通発生力 (人口，経済量など)
　　　　R_{ij} ＝ i, j ゾーン間の交通流に対する抵抗 (距離，走行時間など)
　　　　a, b, c ＝ 定数

定数 a, b, c は既往のデータに基づいて決める．X_i, X_j, R_{ij} などに将来の推測値を入れれば，各ゾーン間の将来の交通量は一応求まる．しかし，この交通量をその両端の各ゾーンに分け，その分けたトリップエンドを各ゾーンごとに合計してみると，一般に最初に予定していた各ゾーンのトリップエンド (これをコントロールトータル (Control total) という) と一致しない．これを一致させるためには後に述べる収束計算法による．

もう一つの方法は現在パターン法 (Present pattern method) といわれるものである．これは各ゾーン間の現在の OD 交通量を，各ゾーンのトリップエンド数が将来の推定値になるように引き伸ばす方法である．現在の OD 交通量から求めた各ゾーンのトリップエンド数は，当然コントロールトータルである将来のトリップエンド数と異なるから，ここに収束計算が必要になる．

以上のようにいずれの方法を用いても収束計算が必要である．収束計算法については多くの提案があるが，ここでは比較的よく用いられているフレーター法 (Fratar method) について述べよう．一応現在パターン法を念頭において述べるが，グラビティーモデル法についても同じ要領で行えばよい．

この方法はフレーター (T.J. Fratar) がクリーブランド (アメリカ合衆国) に

おける交通予測にあたって使ったもので，あるゾーン i 側からみた i と j との間の交通量 $T_{ij(i)}{}'$ は次の式で表されるものとする．

$$T_{ij(i)}{}' = t_{ij}F_j\frac{\sum_x t_{ix}F_i}{\sum_x t_{ix}F_x} = t_{ij}F_jF_i\frac{\sum_x t_{ix}}{\sum_x t_{ix}F_x} \tag{3・11}$$

ただし　$t_{ij} = i\text{-}j$ 間の現在の交通量

　　　　$F_i,\ F_j =$ それぞれ $i,\ j$ ゾーンの成長率，すなわち各ゾーンにおける将来のトリップエンド数を現在のトリップエンド数で割った値

　　　　$F_x =$ ゾーン i と結ばれる任意のゾーン x の成長率

　　　　$t_{ix} =$ ゾーン i と x との間の現在の交通量

$\dfrac{\sum_x t_{ix}}{\sum_x t_{ix}F_x} = L_i$ とすれば

$$T_{ij(i)}{}' = t_{ij}F_jF_iL_i \tag{3・12}$$

L_i を位置の係数あるいは L 係数と呼ぶ．

ゾーン j を中心にして考えると同じようにして

$$T_{ij(j)}{}' = t_{ij}F_iF_jL_j \tag{3・13}$$

$i\text{-}j$ 間の交通量 $T_{ij}{}'$ は以上の二つを平均したものとする．すなわち

$$T_{ij}{}' = \frac{T_{ij(i)}{}' + T_{ij(j)}{}'}{2} = t_{ij}F_iF_j\frac{L_i + L_j}{2} \tag{3・14}$$

各ゾーン間の交通量がこの式によって計算できる．このようにして求めた交通量からトリップエンド数 ($T_i{}',\ T_j{}',\ T_x{}'$) を求めると，通常将来の目標とするトリップエンド数 ($T_i,\ T_j,\ T_x$) と一致しない．そこで新しい成長率として

$$F_i{}' = \frac{T_i}{T_i{}'},\quad F_j{}' = \frac{T_j}{T_j{}'},\quad F_x{}' = \frac{T_x}{T_x{}'}$$

を求め，これを使って

$$L_i{}' = \frac{\sum T_{ix}{}'}{\sum T_{ix}{}'F_x{}'},\quad L_j{}' = \frac{\sum T_{jx}{}'}{\sum T_{jx}{}'F_x{}'}$$

を計算し，$i\text{-}j$ 間の交通量の第 2 近似値として次を求める．

$$T_{ij}{}'' = T_{ij}{}'F_i{}'F_j{}'\frac{L_i{}' + L_j{}'}{2} \tag{3・15}$$

これを $F_i{}^{(n)},\ F_j{}^{(n)},\ F_x{}^{(n)}$ が 1 に収束するまで繰り返す．

(b) **配分交通量**　分布交通量が決まると，これが与えられた道路網上をどのように走るかが問題になる．たとえば二地点間を結ぶ道路が数本あって，そのうちのどの道路を通るかは，所要時間，走行経費，積荷の種類，交通の混雑度，道路の良否，運転者の疲労度，無料・有料の別などによって決まる．通常その経路を決めるのにもっとも大きな影響を与えるのは距離，時間，無料・有料の別のようである．

　配分手法として多くの提案がなされているが，その基礎となる考え方は
　ⅰ）最短距離を選ぶ，
　ⅱ）最小時間を選ぶ，
　ⅲ）全交通の総損失費用（車両費）を最小にするように流す．
などである．有料道路があれば，節約できる時間を金銭に換算して，時間と費用とを関連づけるか，あるいは節約時間がどのように有料道路の利用に影響を与えるかがわかれば，一般道路といっしょに取り扱うことができる．後者に対しては通常時間比転換率曲線のようなものが作られている．

 (4) **ゾーン内交通量の推定**

　出発地と目的地とが同じゾーン内にある交通で，通常分布交通量の推定のときに同時に算出される．その推定方法としては次のようなものがある．

 (a) **交通量の時系列外挿によるもの**　ゾーン内道路の交通量の現在までの推移を将来に伸ばして推定する．

 (b) **経済指標などとの相関によるもの**　人口，生産額，販売額，自動車保有台数，輸送量などの伸びとの関係から推定する．

3・5　交 通 容 量

 (1) **交通容量の意味および種類**

　道路の交通容量 (Highway capacity) とは，その道路がどれだけの自動車を通すことができるかの能力である．

　まず交通容量を単純化して考えてみよう．自動車の大きさ，速度，道路の状況，交通整理の方法などそれぞれちがっていて，これらのちがいをすべて考慮に入れて交通容量を求めることは困難である．そこで車線は無限に延びた路線で，途中に交通整理や緩速車などの交通をさまたげるものはないものと仮定す

る．このような仮定のもとにおいては1車線1時間あたりの交通容量は次の式で求めることができる．

$$N = \frac{1{,}000\,V}{L} \tag{3・16}$$

ただし　$N = 1$車線1時間あたりの交通容量（台/時）
　　　　$V = $ 自動車の速度（km/時）
　　　　$L = $ 安全車両間隔（m）

この式において問題になるのは安全車両間隔Lである．このLは前の自動車がブレーキをかけたとき，それを後の自動車の運転者が認めてブレーキをかけ，衝突を避ける程度にすればよいわけである．後の自動車の運転者が前の自動車のブレーキをかけるのを認めるのに要する時間，すなわち知覚時間は，人によって相当ちがうけれどもだいたい 1/2 秒と考えてよく，またひきつづいてブレーキをかけるのに要する時間も 1/2 秒程度と考えてよい．したがって前の自動車にブレーキがかかってから，後の自動車にブレーキがかかり始めるまでに計1秒を要する．ブレーキがかかってからの自動車の減速状況はすべて同じと仮定すれば，安全車両間隔Lはこの1秒間に自動車の動く距離と自動車の長さとを加えればよい．すなわち理論的には次の式で示すことができる．

$$L = v \times 1 + l \tag{3・17}$$

ただし　$v = $ 自動車の速度（m/秒）
　　　　$l = $ 自動車の長さ（m）

その他このLについては多くの研究があるが，その代表的なものをあげてみると次のとおりである．

グリーンシィールド (B.D. Greenshields, 1935)

$$L = 1.1V + 21 \tag{3・18}$$

AASHTO (American Association of State Highway and Transportation Officials, 1950)

$$L = V + 20 \tag{3・19}$$

ただし　式 (3・18), (3・19) においては
　　　　$L = $ 安全車両間隔（ft）
　　　　$V = $ 自動車の速度（miles/時）

式(3・17)〜(3・19)より V(km/時)と L(m)との関係を求めたものが表3・1である．ただし，式(3・17)においては $l=6.0$ m を使用した．

式(3・16)によって式(3・17)〜(3・19)で求めた表3・1の L の値を使って自動車の速度 V と1車線当たりの交通容量 N との関係を求めて表示したものが表3・2である．

表3・2によると60km/時前後の速度で走るとすると，理論的には2,640〜3,430台/時ぐらいのものを通し得ると考えられる．しかし実際にはいろいろな条件に拘束されてこれだけの交通量を通すことは難しい．

交通容量は時間単位で考えることが多いが，場合によっては日単位で考えることもある．また，通常二方向二車線道路では往復合計で，多車線および一方向二車線道路では一車線あたりで表している．

交通容量は，また次の三つに分けて考えている．

 基本交通容量（Basic capacity）

 可能交通容量（Possible capacity）

 実用交通容量（Practical capacity）

基本交通容量とは，道路条件および交通条件が理想的な場合の交通容量である．理想的な道路条件とは通常

 ⅰ）車線の幅員が3.50m以上あること，

 ⅱ）側方余裕幅が1.75m以上あること，

 ⅲ）勾配が急ではなく，視距も十分あること

表3・1 自動車の速度 V と安全車両間隔 L との関係

V(km/時)		40	60	80	100	120
L (m)	式(3・17)	17.1	22.7	28.2	33.8	39.3
	式(3・18)	14.7	18.9	23.1	27.2	31.4
	式(3・19)	13.7	17.5	21.2	25.0	28.8

表3・2 自動車の速度 V と交通容量 N との関係

V(km/時)		40	60	80	100	120
N (台/時)	式(3・17)	2,340	2,640	2,840	2,960	3,050
	式(3・18)	2,720	3,170	3,460	3,680	3,820
	式(3・19)	2,920	3,430	3,770	4,000	4,170

をいい，理想的な交通条件とは
 ⅰ）乗用車だけが走っていること，
 ⅱ）速度制限のないこと
をいっている．

　可能交通容量とは，基本交通容量に，実際の道路に現れる車線幅員，側方余裕，大型車の混入，交差側方障害などの影響による補正を行ったものである．

　実用交通容量とは，実際の道路および交通の条件において不当な遅滞や危険が起こらず，ある程度自由な速度変更，追越しができるような交通容量である．これが実際の計画，設計に使用されるもので，設計交通容量ともいうべきものである．

　また，交通容量は対象とする場所すなわち単路部，交差点，連結路(ランプ)，織込み区間などで異なる．ここでは単路部および信号のある交差点だけをとりあげることにする．

（2）単路部の交通容量

（a）基本交通容量　　単路部の基本交通容量としては通常次の値を考えればよい．
 ⅰ）二方向二車線道路の往復合計　2,500台/時，
 ⅱ）多車線道路および一方向二車線道路の一車線あたり　2,500台/時

　二方向二車線道路の基本交通容量は，一車線あたりで考えると多車線道路などの一車線あたりの半分である．これは二方向二車線道路においては追越しはかならず伴うものと考えたためである．

（b）可能交通容量　　可能交通容量はさきに述べたように，基本交通容量に実際の道路および交通の条件を加味して補正したものである．すなわち次の式によって求める．

$$C = C_B \times \gamma_L \times \gamma_C \times \gamma_T \times \gamma_I \tag{3・20}$$

　ただし　C ＝ 可能交通容量(台/時)
　　　　　C_B ＝ 基本交通容量(台/時)
　　　　　γ_L ＝ 車線幅員による補正率
　　　　　γ_C ＝ 側方余裕による補正率
　　　　　γ_T ＝ 大型車(縦断勾配)による補正率

表3・3 車線幅員による補正率

車線幅員(m)	補正率
3.50	1.00
3.25	0.94
3.00	0.85
2.75	0.77

γ_l = 交差側方障害による補正率

補正率の一例として車線幅員によるものを示してみると表3・3のとおりである．

(c) **実用交通容量**(設計交通容量)　可能交通容量は，実際の道路が通しうる最大の交通量で，この状態に達した道路では次のような不都合な状況を呈する．

ⅰ) 自動車の走行速度は30～40km/時以下になる．

ⅱ) 交通事故あるいは故障車があると，直ちに交通渋滞を生ずる．

ⅲ) 二車線道路での追越し，多車線道路での車線変更が困難になる．

以上の状況を緩和するために可能交通容量を調整したものが実用交通容量である．その調整の方法としては，たとえば次のようにサービス水準を用いるものがある．これは，実用交通容量を，可能交通容量にその道路のサービス水準に応じて表3・4に示す交通量・交通容量比(V/C)を掛けて求めるものである．

交通の混雑状況を示すものに混雑度があり，通常日単位で考える．

$$混雑度 = \frac{交通量}{実用交通容量} \times 100 (\%) \quad (3・21)$$

表3・4 サービス水準に応ずる交通量・交通容量比(V/C)

サービス水準	交通量・交通容量比(V/C)	
	地方部	都市部
1	0.75	0.80
2	0.85	0.90
3	1.00	1.00

(3) 信号交差点の交通容量

(a) 基本交通容量 交通信号は，交差点へ自動車が流入するのを時間的に制限するので，信号交差点の交通容量は通常流入部の容量が問題になる．

信号交差点における直進に対する基本交通容量は，流入部の一車線について信号の青1時間あたり乗用車で1,800台程度である．また，屈折に対する基本交通容量は表3・5に示すような値である．

表3・5 屈折車線の基本交通容量　　　　（台／青時間／車線）

種類	屈折専用信号がある場合	屈折専用信号がない場合	
左折車線	1,200	左折車両と横断歩行者が交錯する場合 左折車両と横断歩行者が交錯しない場合	600 1,200
右折車線	1,200	1,200 − 対向直進交通量（台／青時間）	

(b) 可能交通容量 可能交通容量は，基本交通容量に右左折車，大型車，一方通行，動力付二輪車，自転車，駐車などの影響を補正して求める．たとえば右左折車の混入による補正率は表3・6のとおりである．

表3・6 右左折車の混入による補正率

右折車または左折車の混入率(%)	左折車による補正率	右折車による補正率	右折車または左折車の混入率(%)	左折車による補正率	右折車による補正率
0	1.000	1.000	20	0.750	0.650
5	0.925	0.875	25	0.725	0.625
10	0.850	0.775	30	0.700	0.600
15	0.800	0.700			

(c) 実用交通容量 流入部一車線あたりの実用交通容量は，可能交通容量の9割を考える．なお，設計のためには青・黄・赤すべてを含んだ1時間を考えた方が都合がよいので，次のように青時間を対象にした可能交通容量から求めればよい．

$$\text{実用交通容量} = \text{可能交通容量} \times 0.9 \times G/C \text{（台／時／車線）} \quad (3・22)$$

ただし　G/C = 信号の青時間比
　　　　G = 信号1周期のうち，その車線に配分される青時間（秒）
　　　　C = 信号周期（秒）

3・6 人 の 交 通

　人と自動車の交通が分離されていないいわゆる混合交通の場所では，人は事故に会うおそれが多いし，車は走りにくい．自動車の交通の多いところでは人と車の交通は分離すべきである．ここでは人の交通専用の歩道における人の交通について述べる．

　歩道の交通容量を決めるには，車道におけると同じように考えればよい．すなわち人1人の通る幅である1占用線上を1時間あたり何人通りうるかを求め，ついでその歩道の占用線数を求めれば，これら両者の積で決まってくる．なお，1占用線の幅員は通常 0.75 m と考えることが多い．

　自動車に対する式(3・16)と同じように，歩道の歩行者交通容量は次の式で求めることができる．

$$n = \frac{1,000\,V}{b} \tag{3・23}$$

　ただし　$n =$ 1占用線の歩行者交通容量(人/時)
　　　　　$V =$ 歩行速度 (km/時)
　　　　　$b =$ 歩行者の縦方向の間隔 (m)

　通常歩行者の速度は 1.2〜1.3 m/秒 (4.3〜4.7 km/時) 程度が多い．また b の値は 1.5 m ぐらいならば，この程度の速度で歩けよう．そこで $V = 4.5$ km/時，$b = 1.5$ m とすると，$n = \dfrac{1,000 \times 4.5}{1.5} = 3,000$ 人 となる．

　従来の測定値をみると，歩道幅員の大きいほど歩道単位幅員あたりの歩行者が多くなっている．アメリカでは1占用線幅 0.75 m あたり 18〜28 人/分 (1,080〜1,680 人/時) を最大にするのが望ましいとしている．

3・7 交 通 公 害

　自動車による環境問題，いわゆる交通公害としては大気汚染，騒音および振動がある．ここでは前二者について述べる．

(1) 大 気 汚 染

　自動車，工場などの発生源から大気中へ放出される汚染物質の主なものは，一酸化炭素 (CO)，窒素酸化物 (NO_x)，炭化水素 (HC)，硫黄酸化物 (SO_x) およ

び浮遊粒子状物質(SPM)である．このうち硫黄酸化物以外のものは自動車を主要な発生源の一つとしている．

(a) **一酸化炭素による大気汚染**　人びとが一酸化炭素を吸い込むと，これが血液中のヘモグロビンと結合して，血液が体内へ酸素を運ぶ能力を下げ，また老廃物を腎臓まで運び排出する作用を阻害する．その結果，反射神経の働きがにぶくなり，それが進むと前頭緊迫感，頭痛を生ずる．

自動車からの排気ガスとくに一酸化炭素の排出量は，加速およびアイドリングのときに多く，定速運転のときには少ない．したがって停止，発進の繰り返される交差点において濃度が高く，円滑な交通の行われる所では低い．また，時間的には，朝のラッシュ時よりしだいに濃度が増加し，午後から夕方にかけて最高になり，以後交通量の減少とともに濃度も減少し，交通量の最小の夜明け前に濃度も最小になる．交通量の多い交差点においては，最小値の3〜5 ppmから最高時には20 ppm，場合によっては30 ppmに近い値になる．

一酸化炭素濃度に対して，たとえば1時間値の1日平均値は10 ppm以下というように環境基準が定められているが，その達成は容易でない．

(b) **窒素酸化物および炭化水素**　窒素酸化物は，呼吸器とくに肺の奥深くまで入り込んで呼吸器障害を引き起こし，また視程に対しても悪影響を及ぼす．この窒素酸化物と炭化水素とが太陽光線のエネルギーによってオキシダントと呼ばれる化合物を生じ，これが光化学スモッグになるといわれている．この光化学スモッグは，人体に対して粘膜刺激症状を引き起こし，呼吸器その他の臓器に悪影響を与え，頭痛，悪寒，しびれなどを生じさせる．昭和45年頃より各所において発生して，大きな社会問題になっている．

二酸化窒素(NO_2)の1時間値の1日平均値は，多い所で0.05〜0.08 ppmに達している．二酸化窒素に対する環境基準は，1時間値の1日平均値0.04〜0.06 ppmである．

(c) **大気汚染に対する対策**

i) 自動車：発生源である自動車から汚染物質を出さないようにすることがもっとも有効である．しかし，現状では非常に難しい．

ii) 交通条件：前述のように，排気ガス濃度は加速およびアイドリングの回数の多い交差点において大きい．したがって交差点の数を少なくすること，

交差点があってもそこで停止しなくてもすむようにすることなどが望ましい．また，排気ガスの全体量は，交通量が減少すれば少なくなる．交通量を減らす方策，たとえば公共交通機関を整備して自動車を走らせなくてもすむ交通体系をつくることも大切である．

iii) 都市構造：放出されたガスを速やかに拡散することが望ましいが，そのためには主風方向にガスの通路を広くあけ，また風下に住居地域のようなものを配さないような都市構造とすることが必要である．土地利用の面から幹線道路沿いに住居地域，学校・保育所・老人ホーム等の施設を設けないようにする．また，個々の建物については，ガスの侵入を阻止できる構造とする．幹線道路の両側に緩衝地帯としての植樹帯，しゃ断壁を設けることも考えられる．

(2) 騒　音

自動車から発生する音には，エンジン音，動力伝達機構音，排気音，風切り音およびタイヤ音がある．交通量の多い道路において，道路に沿った箇所で測定した騒音は 80〜90 デシベル (dB) に達している．

道路に面する地域における騒音に係る環境基準が定められており，地域，道路の車線数あるいは時間の区分に応じて 45〜65 ホン以下の値が基準値として与えられている．なお，環境基準ではホンという単位を用いているが，数値はデシベルで表したものと同じである．

対策としては大気汚染に準じて考えればよい．発生源，交通条件，都市構造の面からほぼ同じようなことがいえる．

問　題

3・1　ある地点でそこを通過する自動車の車頭時間間隔を測定し，その平均値を求めてみたところ 3.2 秒であった．交通量はいくらか．

3・2　ある区間において交通量および空間平均速度を測定した結果，それぞれ 1,860 台/時，44 km/時の値を得た．交通密度を求めよ．

3・3　交通量 360 台/時のとき，時間間隔 4 秒の間に 1 台も自動車が通らない確率，1 台通る確率，2 台通る確率を求めよ．

3・4　ある道路における平均日交通量が 11,400 台であるという．現状において設計交通量（台/時）としてどのくらいの値を考えたらよいか．

3・5　A〜D の四つのゾーンがあって，その交通の現状は表のとおりである．10 年後

における成長率をA：2.2，B：1.8，C：3.0，D：2.5とする．10年後の各ゾーン間の交通量を推定せよ．

交通量表　　（台/日）

ゾーン	A	B	C	D
A		5,000	3,000	8,500
B			1,800	4,500
C				6,200
D				

3・6 交通量6,800台/時の計画街路に対して必要な車道幅員を求めよ．ただし，実用交通容量は1車線あたり1,200台/時，また1車線幅は3.50mとする．

第 4 章
幾 何 構 造

4・1 まえがき

わが国の道路は過去においてまず"道路構造令に関する細則（案）"を基準にして設計が進められ，ついで第 2 次世界大戦後の状況の変化に応じて昭和 33 年に道路構造令が制定された．しかしそれ以後においても自動車数の激増，あるいは名神・東名などの高速道路の出現その他道路交通の状況が一変し，昭和 33 年の道路構造令では間に合わなくなった．これに対して昭和 45 年その改定，さらに以後たびたびの修正が行われたが，ここではこの道路構造令（森北出版ホームページ [http://www.morikita.co.jp/] を参照，以下構造令と略称する）に基づいて述べる．

この構造令によると，道路を新設し，または改築する場合における道路の構造の一般的技術的基準を定めるものとあり，計画目標年次としては一般に計画策定時の 20 年後としているが，路線の性格ならびに重要性を考慮して 10 年後とすることもあるとしている．また，道路の構造基準の種別および級別は表 4・1 のとおりである．この種別・級別は構造令第 3 条に示すように，道路の種類，道路の存する地域・地区，地形，計画交通量などによって行われている．

4・2 車両の大きさおよび速度

自動車が道路上を安全に走行するためには，その大きさを制限する必要がある．現在の制限は車両制限令によったものであるが，その制限を示すと表 4・2 のとおりである．ただし，高速自動車国道または道路管理者が指定する道路を通行する車両の重量の制限は，平成 5 年最大 245 kN に引き上げられた．

設計には表 4・3 に示す寸法を使用すればよいが，このうち小型自動車および

表4・1 構造基準の種別および級別

種別	級別	種別	級別
第1種	第1級	第3種	第3級
	第2級		第4級
	第3級		第5級
	第4級	第4種	第1級
第2種	第1級		第2級
	第2級		第3級
第3種	第1級		第4級
	第2級		

表4・2 自動車の大きさの制限

区分	大きさの制限
長さ	12 m 以下
幅	2.5 m 以下
高さ	3.8 m 以下
重量	196.0 kN 以下
軸重	98.0 kN 以下
輪荷重	49.0 kN 以下
最小回転半径	12 m 以下

表4・3 自動車の設計寸法(m)

車両の種類	長さ	幅	高さ	最小回転半径
小型自動車	4.7	1.7	2	6
小型自動車等	6	2	2.8	7
普通自動車	12	2.5	3.8	12
セミトレーラ連結車	16.5	2.5	3.8	12

　セミトレーラ連結車は第1種，第2種，第3種第1級および第4種第1級に，小型自動車および普通自動車はその他の普通道路に，小型自動車等は小型道路に適用する．小型道路とは，都市内や観光地周辺など道路整備の困難な場所において，小型自動車等の交通の用に供する道路で，乗用車専用道路ともいう．

　設計速度として，自動車が出しうる最高速度をとれば，自動車がそのもてる性能を発揮できるわけであるが，経済的にまた事故の面からも困難が多い．構造令においては，原則として表4・4のような値を設計速度すなわち設計の基礎になる自動車の最高速度と決めている．この値は現在道路交通法で決められている最高限度の速度よりいくらか高い値になっている．たとえば乗用車については，道路交通法では通常一般道路60 km/時，高速道路100 km/時が最高速度になっている．

　自転車の利用者も多いが，その諸元としては占有幅1.00 m，走行時の高さ

表 4・4　設 計 速 度

種　別	級　別	設計速度 (km/時)	種　別	級　別	設計速度 (km/時)
第 1 種	第 1 級	120	第 3 種	第 3 級	60, 50 または 40
	第 2 級	100		第 4 級	50, 40 または 30
	第 3 級	80		第 5 級	40, 30 または 20
	第 4 級	60	第 4 種	第 1 級	60
第 2 種	第 1 級	80		第 2 級	60, 50 または 40
	第 2 級	60		第 3 級	50, 40 または 30
第 3 種	第 1 級	80		第 4 級	40, 30 または 20
	第 2 級	60			

2.25m, 長さ 1.90m を考えればよい.

4・3　幅　　員

道路の幅員は, そのとり方を誤ると, 将来の利用上に大きな支障をきたす. 図 4・1 は道路の幅員を構成する要素の例を示したもので, 中央から左と右とでは別個のものである. 図 4・1 のほかに幅員を構成するものとして, 副道, 植樹帯, 駐車帯, 待避所, 電車軌道, 街渠・側溝, のり敷その他を考えなければならないこともある.

(1) 車　　道 (Carriageway, Roadway)

車道とは, 自動車の通行に供する部分をいうが, 自動車以外のものが通過する部分をもたない道路では, 自動車だけでなくすべてのものが通行する部分を車道といっている.

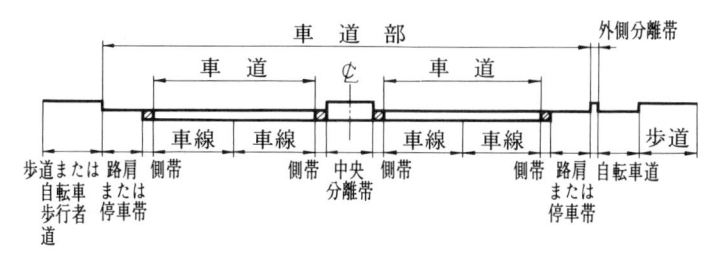

図 4・1　道路の横断面の構成要素

構造令によると，道路の種別・級別に応じて普通道路の1車線の幅員は表4・5のようにとることになっている．ただし，小型道路においては，0.25mあるいは0.5mを減じた値を採用することにしている．なお，特別な場合には，0.25m増減することもあり，また第3種第5級，第4種第4級では車線という考え方でなく，車道として4.00m(やむをえない場合には3.00m)とするというようにしている．

表4・5 車線の幅員(小型道路を除く)

種 別	級 別	車線幅員(m)	種 別	級 別	車線幅員(m)
第1種	第1級	3.50	第3種	第1級	3.50
	第2級			第2級	3.25
	第3級			第3級	3.00
	第4級	3.25		第4級	2.75
第2種	第1級	3.50	第4種	第1級	3.25
	第2級	3.25		第2級	3.00
				第3級	

上り勾配の坂道において，速度が著しく低下する車両を本線から分離するために，本線の外側に特別な車線を付加することがある．これを，登坂車線(Climbing lane)といい，幅員は通常3.00mとしている．

交差点の手前において右折または左折する車両のためにとくに車線をつけ加えることがある．これらをそれぞれ右折車線(Right-turning lane)，左折車線(Left-turning lane)といい，いっしょにして屈折車線(Turning lane)という．

たとえばインターチェンジにおいて連結路から高速道路に入るような場合には，加速して入らないと高速道路の交通を妨げることになる．このような場合に加速する車線を付加するが，これを加速車線(Acceleration lane)という．逆の場合すなわち高速道路から連結路へ出るような場合には，減速のための車線すなわち減速車線(Deceleration lane)を設ける必要がある．これらの加速・減速車線を変速車線という．

(2) 歩 道

歩行者の安全を図り，自動車の性能を十分に発揮させるためには歩行者だけ

の通路すなわち歩道を設けることが必要である．構造令によると，第3種および第4種の道路には原則として歩道を設け，その幅員は，歩行者の多い道路では3.50 m以上，その他の道路では2.00 m以上としている．

　横断歩道橋，並木その他の路上施設を歩道に設けることがある．この場合，横断歩道橋を設けるときには3.00 m，並木を設けるときには1.50 m，ベンチ・ベンチの上屋を設ける場合にはそれぞれ1.00 m，2.00 m，その他のものを設けるときには0.50 m歩道を広くする．

(3) 副　　　道

　盛土，切土等の構造上の理由によって車両が沿道へ出入りしにくい第3種・第4種の道路において，本線の車道に並行して副道を設けることがある．副道の幅員は4.00 mを標準する．

(4) 植　樹　帯

　第4種第1級および第2級の道路，およびその他の道路には必要に応じて植樹帯を設ける．植樹帯は，良好な交通環境の整備または良好な生活環境の確保を目的としたものであり，その幅員は1.50 mを標準とし，状況に応じてはさらに広幅員とする．

(5) 中　央　帯

　車道が4以上の車線で構成されている場合には，第1種，第2種，第3種第1級および他の種類の道路でも円滑な交通を確保するために必要があるときには，中央帯を設けて往復分離を行う．その幅員は種別，級別で異なるが，1.00～4.50 mの値が使われている．

　中央帯は分離帯と側帯とで構成され，この分離帯を通常中央分離帯(Central reserve, Median)といっている．この中央分離帯は，縁石等で縁取られており，ここに各種の路上施設等を設けることもある．

(6) 外側分離帯

　車道部と自転車道，自転車歩行者道あるいは側道などとの間に設ける分離帯で，幅員は0.25 m以上とする．場合によっては防護柵を設置するが，このときには幅員は0.50 m以上とする．

(7) 路　　　肩 (Shoulder)

　車道の両側には，通常0.50 m以上の幅の路肩を設ける．ただし，停車帯，中

央帯が設けられる場合は，それに接するところには路肩を設けない．また歩道，自転車道，自転車歩行者道が設けられる場合は，それに接するところには路肩を設けないこともある．

わが国においてはその幅を 0.50～2.50m の範囲で考えており，車道の左側にあるか右側にあるかによってもその幅員を変えている．また，副道に接する路肩の幅員は 0.50m とする．

なお，第1種，第2種の道路の車道に接する路肩には側帯を設ける．

（8） 側　　　帯

車道の外側に接した帯状の部分で，路肩または中央帯の一部分とみなしている．運転者に走るための側方余裕を与え，また車道の外側線を構成して運転者の視線を誘導する役割を果たすもので，幅は 0.25～0.75m を使用している．

（9） 停　車　帯

都市部の道路に設ける帯状の部分で，主として車両の停車の用に供する．幅員は通常 2.50m とするが，大型車の交通が少ない場合には 1.50m まで狭くすることもある．

（10） 自　転　車　道

自動車および自転車の交通量の多い道路には自転車道を設ける．幅員は 2.00m 以上，地形の状況その他の理由によりやむをえないときには 1.50m とする．

（11） 自転車歩行者道

自動車交通量の多い道路で自転車道を設けない場合には自転車歩行者道を設ける．自転車歩行者道の幅員は，歩行者の交通量が多い道路では 4.00m 以上，その他の道路では 3.00m 以上とする．

（12） 駐車場および駐車帯

道路管理者がとくに必要を認めた場合には路外駐車場を設ける．たとえば休憩施設内の駐車場，タクシーの駐車場等がそれにあたる．

駐車の方法としては平行駐車，角度駐車（斜角駐車および直角駐車）の別があり，平行駐車は車路の方向に平行，角度駐車は車路の方向とある角度をなすものである．斜角駐車は 30°，45°，60° あるいはそれ以外の任意の角度で駐車するものであり，直角駐車は 90° の角度をなすものである．駐車ますの寸法は小型車 2.25×5.00 m，大型車 3.25×13.00 m を標準としている．

適当な路外駐車場がない場合に道路端あるいは中央に近いところに駐車帯が考慮されることがある。その際の駐車ますの寸法は上記に準ずればよい．

第1種，第2種あるいは交通量が多い場合には第3種，第4種の道路においても，故障車の待避場所として，非常駐車帯を設ける．設置間隔は300〜500m，幅員は側帯を含めて3.00mとする．

以上は自動車を対象にした駐車場について述べたが，自転車の多い所では自転車駐車場についても考慮する必要がある．

（13） バス停車帯およびタクシー停車帯

第1種，第2種あるいは交通量の多い第3種，第4種の道路には，バス乗客の乗降のために本線車道から分離した専用のバス停車帯（バスベイ）を設ける．バス停車帯は変速車線と停車線からなり，幅員はいずれも3.50mを標準とし，やむをえないときには3.00mとする．なお，本線との間に島式分離帯を設けるときには，追越しを考えて停車線の幅員は5.50mとする．

タクシーの利用の便のために，また，流しを少なくするために，タクシー停車帯（タクシーベイ）を設けるのが好ましいことがある．幅員は2.50〜3.00mぐらいが必要である．

（14） 自転車専用道路および自転車歩行者専用道路

自転車専用道路とは，自転車の通行の安全を確保し，あわせて自転車の利用による人びとの心身の健全な発達に役立てるための自転車を対象にした道路である．また，自転車歩行者専用道路は自転車および歩行者だけの通行を考えた道路である．自転車専用道路の幅員は3.00m以上とするが，やむをえないときには2.50mまで縮小する．また，自転車歩行者専用道路の幅員は4.00m以上とする．

（15） 歩行者専用道路

歩行者だけの交通に供する道路で，幅員は2.00m以上とする．

（16） 歩行者の滞留の用に供する部分

歩道・自転車歩行者道・自転車歩行者専用道路・歩行者専用道路などにおいて，横断歩道・バス停留所など歩行者の滞留する箇所に必要に応じて設ける．

（17） 待避所（Passing place, Turn out）

交通量が非常に少なく，経済上2台の自動車のすれちがう幅員をもたせるこ

とが困難なときには，適当な間隔ごとにすれちがいのための待避所を設ける．待避所相互間の距離はあまり遠くては困るし，また，待避所間の道路は待避所から相互にほぼ見通せなくてはいけない．わが国においては，第3種第5級の道路は，300m 以内ごとに，待避所相互間の道路の大部分が待避所から見通せることができるようにして，車道幅員 5.00m 以上，有効長 20m 以上の待避所を設ける必要があると決めている．その平面図を示すと図4・2のとおりである．

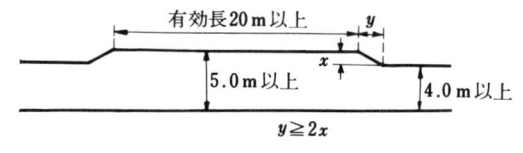

図4・2 待避所の平面図

(18) 電 車 軌 道

電車軌道はなるべく道路外に設けることが望ましいけれども，市街地などでは道路内に設けるほか仕方のない場合がある．このようなときの軌道敷の幅員は単線 3.00m 以上，複線 6.00m 以上とする．

(19) 街 渠，側 溝

排水上の要求に応じて街渠，側溝などの断面，したがって必要な幅員が決まってくる．0.5m から場合によっては 1.5m ぐらいの幅員を必要とする．

(20) のり敷（法敷）

切土あるいは盛土して道路を造るような場合，そののりに対する幅員が必要になる．切土の場合，側溝を保護するためには犬走りを設けることが有効であ

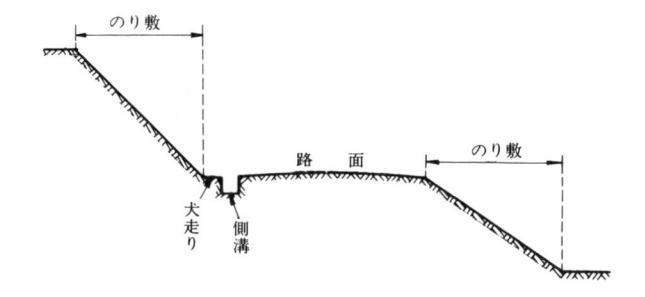

図4・3 のりに対して必要な幅員

るが，この幅員としては 0.5 m 程度を用いることが多い．

4・4 縦 断 勾 配

　道路の縦断方向に勾配があると道路交通にいろいろな障害を与える．この縦断勾配は，路面の中心線における傾斜でもって表し，水平距離と両端の高さの差との比で示している．図 4・4 において

　　　縦断勾配　$i = h/l = 1/n = \tan\theta$

たとえば 100 m の水平距離に 2 m の高さの差があれば，2/100 または 2 ％の勾配という．

　勾配においては自動車の速度は減少し，燃料の消費量は増大し，またタイヤのすりへりが激しくなる．自動車の速度が勾配によって減少する程度は，いろいろな条件に左右される．勾配の速度に対する影響を示す一方法として，平地部における速度が勾配のため減少して達する最終時の速度で示すことが考えられるが，その一例を示したものが図 4・5 である．この図は井上静三氏が重量 78.4 kN のトラックに対して求めた資料から画いたものである．

　勾配が自動車の速度に及ぼす影響は，車の種類，馬力，勾配にかかるときの速度，ブレーキの状態，あるいは勾配の長さなどによって異なる．ふつうの乗用車では 30〜60 ％の勾配までは登りうるし，図 4・5 のような関係を求めてみても，最終速度はトラックほどは小さくならないので，その影響は比較的少な

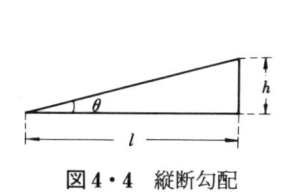

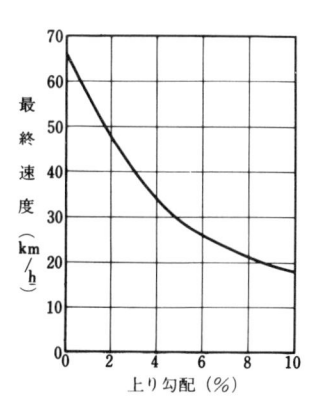

図 4・4　縦断勾配

図 4・5　勾配と速度との関係

い．これに反して，トラックや小馬力の乗用車では勾配の影響が大きく，速度に対してだけでなく燃料の消費量，タイヤのすりへりなど車両費に対しても勾配の制限を行うことが望ましい．

　下り勾配において自動車を走らせる場合には，速度は増加すると考えられるが，通常は逆に速度の低下をきたしている．これは運転者が不安感のため，あるいはブレーキ距離の増大にそなえて速度を落としているためであろう．

　燃料の消費量と勾配との関係は，上り勾配においては勾配の増大と共に燃料の消費量は急激に上昇する．下り勾配のときは，燃料の消費量は当然減少するものと考えられるが，その減少量はわずかで，5％程度以上の下り勾配になると逆に増加の傾向を示すようである．

　タイヤのすりへりと勾配との関係は，乗用車については3％前後までの勾配に対してはすりへりの変化はほとんど認められないが，6％前後の勾配になると50％程度，8％前後の勾配になると100％程度の増加が認められる．このことはバス，トラックなどについても同じで，タイヤのすりへりには勾配は相当の影響を与えている．

　以上のように上り勾配のときは自動車の速度が落ち，燃料の消費量が増し，タイヤのすりへりは増加する．その同じ勾配を下るときにこれらの損失をつぐなうことができれば，自動車に対して経済的な勾配というものが考えられるけれども，いままで述べてきたことからもわかるように勾配を下るときの利益によって，上るときの損失をつぐなうということは不可能である．したがって自動車が走るには平地がもっとも経済的であり，いくらまでの勾配を許すかということは，結局その勾配によって生ずる損失をどの程度まで許容するかということにかかっている．

　上り・下りを別々に考えた場合，もっとも経済的な勾配というものを従来は普通次のように考えている．上り勾配はトップギヤで有効な速度で上がることができるもの，下り勾配はブレーキをかけずに安全に下ることができるもの，これらをそれぞれもっとも経済的であるとしている．

　いままでは自動車交通について，勾配の影響を考えてきたが，わが国の大部分の道路のように，自動車の他に自転車などの緩速車がいっしょに走る，いわゆる混合交通を許している道路においては，この緩速車のことを十分考慮する

必要がある．緩速車は自動車にくらべるとけん引力は小さく，ブレーキの装置も十分でないので，勾配の限度あるいは長さを決めるときには，この方を多く考慮に入れなくてはならない．

車両が道路上を動く場合，いろいろな抵抗のためにそのけん引力が減少する．この抵抗をけん引抵抗（Tractive resistance）といい，だいたい次のようなものからなっている．

　　車軸抵抗，路面抵抗，空気抵抗，勾配抵抗

車軸抵抗というのは，車軸と軸受との間に生ずる摩擦抵抗で，車軸や軸受の材料，構造あるいは潤滑油などによって異なる．路面抵抗は回転抵抗ともいい，車輪が路面上を回転するときに，路面と車輪との間に生ずる抵抗で，車輪，路面の性質，車輪の半径，タイヤの幅，車両の速度，スプリングの有無などによって異なる値である．空気抵抗は，走る車両の速度によって異なり，高速の場合にはかなりの大きさに達する．勾配抵抗は車両が勾配を上下するときに生じ，勾配の大小に左右される．

以上のうち水平な道路で問題になるのは勾配抵抗を除いた他の三つである．図 4・6 において，次の式（4・1）が満足されれば，車両は動きつづけることができる．

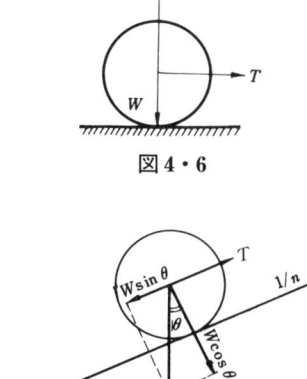

図 4・6

図 4・7

$$T > fW \tag{4・1}$$

ただし　$T = $ けん引力

　　　　$W = $ 車両の重量

　　　　$f = $ けん引抵抗係数 (Coefficient of tractive resistance)

f の値は測定の結果わかるもので，通常車軸，路面，空気の各抵抗をいっしょに考えた場合の値が出てくる．その大きさはいろいろな条件によって異なるが，砂利・砕石道で 0.015～0.050，舗装道で 0.015～0.030 である．

　車両が動き始めるときの抵抗すなわち始動抵抗は，すでに動いているものが動きつづけるときの抵抗にくらべると非常に大きく，約 5～8 倍に達する．

　次に $1/n$ なる勾配をもつ斜面を，車両が上がる場合について考えてみよう．図 4・7 において

$$\text{勾配}\quad i = 1/n = \tan\theta$$

この勾配を車が上がることができるためには，次の式が成立する必要がある．

$$T > fW\cos\theta + W\sin\theta$$

θ は実際においてきわめて小さいから，$\cos\theta \fallingdotseq 1$，$\sin\theta \fallingdotseq \tan\theta = i$ とおくことができる．この値を上の式に入れて

$$T > W(f + i) \tag{4・2}$$

すなわち，けん引力がこの式 (4・2) を満足すれば，車が勾配を上がることができる．

（1）最大縦断勾配

　自動車はいままで述べたように相当の急勾配まで上がることができる．したがって登坂能力の方から考えると最大縦断勾配はかなり大きくとることができるが，自動車交通を経済的に，かつ迅速に行わせるためには勾配の制限を厳重にすることが望ましい．

　わが国においては，乗用車に対してはほぼ平均走行速度で登坂できるように，また普通のトラックに対してはほぼ設計速度の 1/2 の速度で登坂できるように定めてある．普通道路におけるその値が表 4・6 である．

　普通道路において，地形の状況その他の理由でやむをえないときには第 1 種，第 2 種，第 3 種では 3 ％を，第 4 種では 2 ％を，表 4・6 の値に加えてよい．この場合には，後に述べるようにその勾配の長さを制限する．

4・4 縦断勾配

表4・6 最大縦断勾配(普通道路)

設計速度(km/時)	縦断勾配(%)	設計速度(km/時)	縦断勾配(%)
120	2	50	6
100	3	40	7
80	4	30	8
60	5	20	9

小型道路においては,設計速度に応じて4～12％とし,普通道路におけるよりも急勾配を許している.

(2) 登坂車線

幅員のところで述べたように,速度が著しく低下する車両を本線から分離して自動車の走行を円滑にするために,本線の外側にこの登坂車線を設けることがある.

縦断勾配5％以上(設計速度100km/時以上の道路においては3％以上)の道路において,必要に応じて設けているが,幅員は通常3.00mである.

(3) 縦断勾配の制限長

自動車に対しては最大縦断勾配を表4・6のように制限すれば,勾配の長さはいくらにとってもさしつかえない.しかし,地形の状況その他の理由により,やむをえずこの制限より1～3％急な勾配にすることがあるが,この場合にはその勾配の長さを制限することを考える.なお,対象とする自動車は,登坂能力の劣る普通のトラックとし,このトラックが坂路の始点において設計速度

表4・7 縦断勾配に応ずる登坂可能距離 (単位 m)

設計速度(km/時)		120	100	80	60	50	40
始端速度(km/時)		80	80	80	60	50	40
許容速度(km/時)		60	50	40	30	30	25
縦断勾配の値(%)	3	830					
	4	480	720				
	5	340	500	760			
	6		380	520	490		
	7			410	320	230	
	8				240	170	130
	9					130	100
	10						80

（設計速度 80 km/時以上のときには 80 km/時とする）を有するものとし，この速度が許容速度に低下するまでに登坂する距離を制限長とするのである．その値を示したものが表 4・7 である．

（4） 縦断曲線 (Vertical curve)

縦断勾配が急に変わる所では，自動車は衝撃を受け，また前方の見通し距離すなわち視距が小さくなる．このような欠点を緩和するために二つの勾配を適当な曲線でなめらかに連結することが必要となる．この曲線を縦断曲線という．なお，縦断勾配の変わり方には図 4・8 に示すようなものが考えられる．

衝撃に対して走行中に不快を感じさせないためには，次の程度の縦断曲線長があればよい．

$$L = \frac{(i_1 - i_2) V^2}{360} \qquad (4・3)$$

ただし　$L =$ 縦断曲線長 (m)
　　　　$i_1 - i_2 =$ 勾配の代数差の絶対値（勾配の変化量）(%)
　　　　$V =$ 自動車の速度 (km/時)

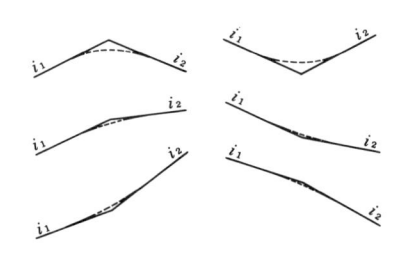

図 4・8　縦断勾配の変化

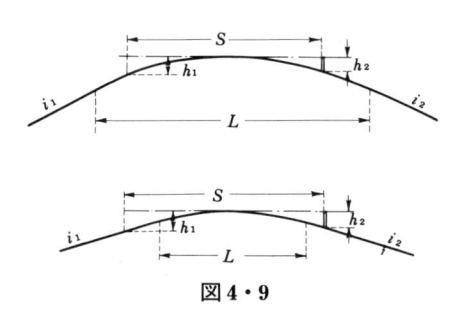

図 4・9

次に視距と縦断曲線との間の関係について考えてみよう．いま縦断曲線を放物線(Parabola)とみなせば，縦断曲線長と視距(後述，4・6節)との間には式(4・4)のような関係が成立する．

$L > S$ の場合(図4・9上図)
$$L = \frac{S^2(i_1 - i_2)}{200(\sqrt{h_1} + \sqrt{h_2})^2}$$

$L < S$ の場合(図4・9下図)
$$L = 2S - \frac{200(\sqrt{h_1} + \sqrt{h_2})^2}{i_1 - i_2}$$

$L = S$ の場合
$$L = S = \frac{200(\sqrt{h_1} + \sqrt{h_2})^2}{i_1 - i_2}$$

(4・4)

ただし　$L =$ 縦断曲線長(m)
　　　　$S =$ 視距(m)
　　　　$i_1 - i_2 =$ 縦断勾配の代数差の絶対値(%)
　　　　$h_1 =$ 路面からの運転者の眼の高さ(m)，わが国では1.2mとしている．
　　　　$h_2 =$ 路面からの障害物などの高さ(m)，わが国では通常0.10mとしている．

式(4・4)は円曲線を用いる場合でも，半径が相当大きければ使用できる．

ここに述べたような視距によって決めた縦断曲線長と，衝撃の方から決めた縦断曲線長とを比較して大きい方を採用すればよいことになる．なお，必要な視距の大きさについては後に述べる．

以上のようにして縦断曲線長を決めることができるが，もし勾配の変化量が小さくなれば式(4・3)，式(4・4)からわかるように縦断勾配長は非常に短くてよいことになる．そうすると運転者にとっては急に折れ曲がったようにみえて不適当で，わが国においては設計速度で3秒間走行する距離すなわち20〜100mをもって最小縦断曲線長としている．また，縦断曲線である放物線を円曲線で近似し，その半径と縦断曲線長との間の関係を求めると次のとおりである．

$$R \fallingdotseq \frac{100L}{i_1 - i_2} \qquad (4 \cdot 5)$$

ただし　$R =$ 縦断曲線の半径(m)

　　　　$L =$ 縦断曲線長(m)

　　　　$i_1 - i_2 =$ 両縦断勾配の代数差の絶対値(%)

　わが国においては，縦断曲線の半径として設計速度に応じて凸型 100～11,000 m，凹型 100～4,000 m としているが，この値は視距，衝撃の面から考えた場合の最小の値である．実際においては，安全性・快適性などを考慮してこの値の1.0～2.0 倍ぐらいの値を用いるがよい．

　縦断曲線としては通常放物線として設置される．その場合にふつう使用されているものは図 4・10 における y を計算して，これを用いて路面の高さを決める方法である．図 4・10 において次の式(4・6)が成立する．

$$y = \frac{i_1 - i_2}{200L} x^2 \qquad (4 \cdot 6)$$

ただし　$i_1 - i_2 =$ 両縦断勾配の代数差の絶対値(%)

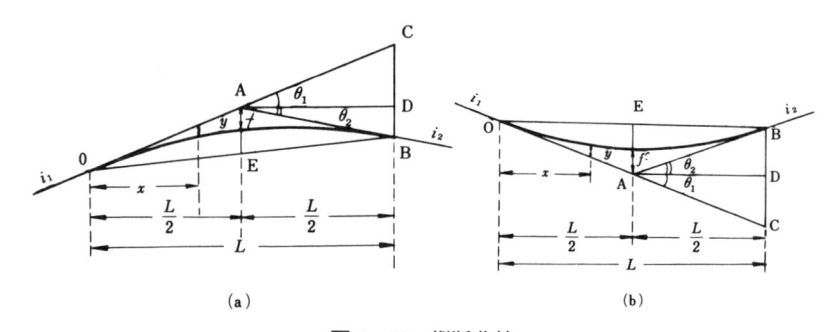

図 4・10　縦断曲線

（5）曲線部縦断勾配

　曲線部に縦断勾配がある場合，上りにあっては自動車は勾配抵抗のほかに曲線抵抗を受けて，速度その他の点において大きな不利益を受け，また下りのときには運転上非常に危険である．この曲線半径の大きさと勾配の大きさとの組合せの限度については，理論的に計算する方法がない．現行の構造令では，片勾配または横断勾配と縦断勾配との合成勾配をある値以下とするという形で，

勾配を制限することにしている．

合成勾配と片勾配または横断勾配，縦断勾配との関係は次のとおりである．
$$S = \sqrt{i^2 + j^2} \tag{4・7}$$
ただし　S = 合成勾配(%)
　　　　i = 片勾配または横断勾配(%)
　　　　j = 縦断勾配(%)

合成勾配の最大値は，設計速度に応じて原則として 10～11.5% である．

4・5　横 断 勾 配

道路の横断面は，交通上直線部においては水平にすることが望ましい．路面に横断勾配(Transverse slope, Camber)をつけるのは排水のためであって，路面の水を排除することができるならば水平な路面がもっとも好ましい．

横断勾配は道路の直線部においては中央より左右に向かって下り勾配を使用し，その勾配の大きさは中央のもっとも高い所すなわち路頂(Crown)と路端とを結んだ線の勾配の大きさで示している．横断勾配の表し方は縦断勾配の場合と同じで，%または分数を用いる．

横断勾配は路面の性質あるいは使用材料によって異なり，たとえばコンクリート舗装やアスファルト舗装のようななめらかな路面では水の流れがよいのでなるべく水平に近づける．また，縦断勾配の有無によっても変えるべきである．

わが国においては，直線部における車道の路面の横断勾配は，その種類に応じて表4・8を標準にしている．片側1車線すなわち対向2車線の道路の場合には，追い越す必要を生ずるが，その際横断方向の傾きが急激に変化するので，それに対処するため表4・8の1.5%を使用する．片側2車線の場合には排水のことを考えて2.0%を使用する．

歩道・自転車道などの横断勾配は，路面の種類にかかわらず2%を標準とし，車道に向かって片勾配にするのがふつうである．

都市部の道路で路面の排水に支障のない構造になっている場合には，横断勾配をつけないかまたは表4・8の値より小さくすることができる．

横断勾配の形として用いられるものには，次のようなものがある．
　　直線(Straight line)，円弧(Circle)，放物線(Parabola)，

表4・8 横断勾配の標準

路面の種類	横断勾配(%)
道路構造令第23条第2項に規定する基準に適合する舗装道	1.5～2.0
その他	3.0～5.0

双曲線 (Hyperbola), 指数曲線 (Exponential curve)

これらのうち，もっとも多く使用されているものは直線，放物線および双曲線である．次にこれらのものについて説明を加えてみよう．

(1) 直　　線

歩道および曲線部の片勾配として以前から使用されている．車道においても，舗装の機械化施工に適しているため，現在ではもっとも一般的に用いられている．中央部を曲線にして，左右両側にこの直線を用いることもある．

(2) 放　物　線

普通二次放物線が使用されている．図4・11において路端における下がりをhとした場合，路面幅の1/4点の下がりが$(3/8)h$となるように二次放物線を定める．いま求める二次放物線の形を

$$y = Ax^2 + Bx + C$$

とし，この定数A, B, Cを上述の条件から定める．このようにして定めたA, B, Cを$y = Ax^2 + Bx + C$に入れて整理すれば，式(4・8)を得る．

$$y = \frac{h}{2}\left\{\left(\frac{x}{l}\right) + \left(\frac{x}{l}\right)^2\right\} \tag{4・8}$$

この式によって表される路面は，中央部において比較的ゆるやかであるため，この部分に交通が集中し，摩滅が著しい傾向がある．

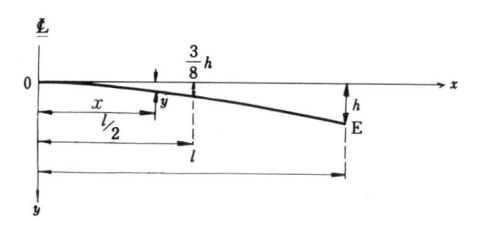

図4・11 横断勾配

(3) 双 曲 線

放物線の場合と同じく路端の下がりを h とした場合，路面幅の 1/4 点の下がりが $(3/8)h$ になるように双曲線を定める．座標軸は図 4・11 と同じにとって，双曲線の形を $y = Ax^2 + By^2 + C$ とし，定数 A，B，C を放物線の場合と同じく上述の条件によって定めると，次の式 (4・9) を得る．

$$y = \frac{h}{16}\left\{-7 + \sqrt{49 + 480\left(\frac{x}{l}\right)^2}\right\} \tag{4・9}$$

この式によって表される双曲線断面は，道路の中心近くにおいて急で，路面幅の 1/4 点から路端に向かって直線に近くなる．

4・6 視 距

自動車が安全に走るためには，相当前方まで見通しがきかないと危険である．この見通しの距離を視距 (Sight distance) といい，危険を伴わない程度の視距を安全視距 (Safe sight distance) といっている．視距としては，前方の車両や路上障害物を認めて制動停止するに必要な視距 (制動停止視距)，ハンドルを切って前方から来る車両を避けるに必要な視距 (避走視距)，および前方の車両を追い越しするに必要な視距 (追越視距)，この三つが考えられる．通常，制動停止視距および避走視距をいっしょにして普通視距 (Non-Passing sight distance) といい，ふつうの道路の設計には一般にこれを用いている．追越視距 (Passing sight distance) は追越禁止区間を決めるときに使用される．

(1) 普 通 視 距

前方の車両や障害物を認めて制動停止するに必要な距離すなわち制動停止距離は，次の二つのものから成り立っている．一つは運転者が前方の車両や障害物を認めてブレーキをかけ始めるまでに走る距離，他はブレーキをかけてから停止するまでに走る距離である．運転者が前方の車両や障害物を認めてブレーキをかけ始めるまでに必要な時間，すなわち反応時間は人によって，また車の速度によって異なるけれども，AASHTO では 2.5 秒としている．この値を採用すると，その間に走る距離 L_1 (m) は次のとおりになる．

$$L_1 = \frac{V}{3.6} \times 2.5 = 0.694\,V$$

ただし　$V =$ 車両の速度 (km/時)

ブレーキをかけ始めて停止するまでに走る距離 L_2(m) は，V という速度で走っていた自動車のもつエネルギーが，路面とタイヤとの摩擦によって全部失われて停止するという条件を用いて，次のように求めることができる．

$$L_2 = \frac{\left(\frac{V}{3.6}\right)^2}{2gf} = 0.00394 \frac{V^2}{f}$$

ただし　$g =$ 重力の加速度 ($9.8 \,\mathrm{m}/$秒^2)
　　　　$f =$ タイヤと路面との間の縦すべり摩擦係数

したがって，1台の自動車が疾走中目前に障害物を発見し，この障害物との衝突を避けるために自動車が制動停止するまでの距離 L(m) は次のとおりである．

$$L = L_1 + L_2 = 0.694\, V + 0.00394 \frac{V^2}{f} \qquad (4・10)$$

縦すべり摩擦係数 f は路面の状態，速度によって異なる．危険側の湿潤状態の路面に対してはだいたい表4・9に示す程度の値である．

表4・9　縦すべり摩擦係数(f)

V (km/時)	20	30	36	54	68	85	102
f	0.44	0.44	0.38	0.33	0.31	0.30	0.29

前方の車両を認めて避けるのに必要な距離すなわち避走距離も，前方の車両を認めてハンドルを切り始めるまでに走る距離と，避走し終わるまでに走る距離とからなっている．前者は制動距離の場合と全く同様に考えることができるが，運転者の心理状態とハンドル操作が制動時と異なり，反応時間は1秒程度である．したがって避走距離 L_1(m) は次の式で計算できる．

$$L_1 = \frac{V}{3.6}$$

後者すなわちハンドルを切り始めてから避走し終わるまでに走る距離 L_2 (m) は，図4・12よりわかるように次の式で表すことができる．

$$L_2 = 2\sqrt{R^2 - \left(R - \frac{a}{4}\right)^2} = 2\sqrt{\frac{Ra}{2} - \frac{a^2}{16}}$$

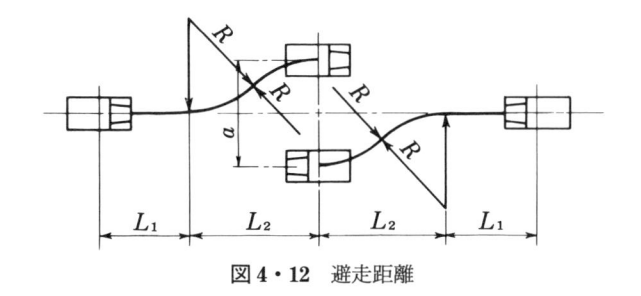

図 4・12 避走距離

ただし　$R =$ 避走軌跡の半径 (m)
　　　　$a =$ すれちがいのときの車両間隔 (m)

前方から来る自動車も同速度で，すれちがいを終わるまでに同じ距離だけ走るとすれば，必要な避走距離は次の式 (4・11) で求めることができる．

$$L = 2(L_1 + L_2) = 0.556V + 4\sqrt{\frac{Ra}{2} - \frac{a^2}{16}} \qquad (4・11)$$

R および a は表 4・11 に示すような値である．R の値は回転のときの遠心加速度を最大 $0.3g$（g は重力加速度）として，次の式で求めたものである．

$$R = \frac{\left(\dfrac{V}{3.6}\right)^2}{0.3g} = \frac{V^2}{38.1}$$

式 (4・10) および式 (4・11) を用いて制動停止，避走両視距を求めて図示したものが図 4・13 である．この図よりわかるように，速度 60 km/時程度以上においては制動停止視距の方が大きい．これら二つの視距の内の大きい方を採用して，安全視距とすれば，安全側である．なお，車線が明確に決まっていて，両方向からくる 2 台の自動車が向かい合って走ることのない場合には，制動停止視距だけを考えればよい．わが国においては，車道の中心線上において 1.2 m

表 4・10　避走軌跡半径 (R) および避走車両間隔 (a)

V (km/時)	10	20	30	40	50	60
R (m)	10	10.5	23.6	42.0	65.6	94.5
a (m)	3.0	3.0	3.0	3.0	3.2	3.4

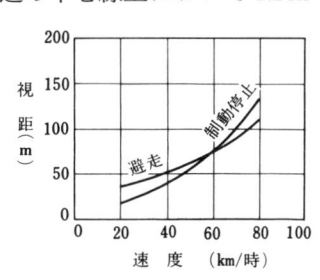

図 4・13　安全視距図

の高さから高さ 10 cm のものの頂点を見通すことのできる距離を車道の中心線に沿って計った長さを視距としており，設計速度に応じて 20〜210 m を採用している．第 3 種第 5 級，第 4 種第 4 級のような狭い道路では，向かい合ってきた自動車が共に停止しなければならないから，この値の 2 倍を考える．

以上述べたような視距を実際の道路にとるとき，通常問題になるのは平面曲線および縦断曲線のある箇所においてである．縦断曲線のある箇所における視距についてはすでに述べてあるので（式(4・4)），ここでは平面曲線の所における視距について検討してみよう．

平面曲線のある箇所においては，曲線の内側にある切取りや建築物などのために見通しが妨げられるので，これらのものを後退させる必要を生ずる．いま必要な視距を $S(\mathrm{m})$ とし，図 4・14 のように道路の中心線に沿ってこの長さを取る．円曲線の場合，長さ $S(\mathrm{m})$ の両端 A，B を互いに見通せるために，道路の中心線から，これに直角に障害物を後退させる必要のある距離 $m(\mathrm{m})$ は，次の式 (4・12) で求めることができる．

$$m = R\left(1 - \cos\frac{\theta}{2}\right) \tag{4・12}$$

ただし $R = $ 曲線半径 (m)

$$\theta = \frac{S}{R}(\text{ラジアン}) = 57.3\frac{S}{R}(\text{度})$$

切取りにおいては視距を取るために，いわゆる段切り (Bench cut) を行わなければならない．運転者の眼の高さは 1.2 m を標準にし，この高さで規定の視距が取れるようにする．草木や落石によって視線が妨げられないようにするためには相当の余裕を見込んで路面から 0.5〜0.8 m ぐらいの所から上部を切り取ることが必要である．

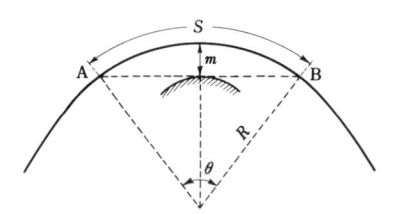

図 4・14 平面曲線と視距

いま視距Sに相当する直線定規を作って，その両端を道路の中心線に沿ってすべらせれば，その定規の書く包絡線が障害物を除く部分の境界線を与える．実用的にはこれでよい．

（2）追越視距

追越視距は高速車が1台の低速車を，他に影響を及ぼさないで追い越すことのできる最小の視距である．この追越視距としては，車道の中心線上1.2mの高さから，同じく中心線上にある高さ1.2mのものの頂点を見通すことのできる距離を，車道の中心線に沿って計った長さを採用している．対向2車線道路において道路全長にわたって追越しできるようにすることは，経済的な理由から不可能であろうが，適当な間隔ごとに追越しできる区間を設けることが望ましい．

追越視距としては，原則として追越車が対向車線へ移行する動作を始める点から，追越しが終わるまでの走行距離と，その間に対向車が走行した距離との和をとるべきである．しかし，経済的な理由から，追越車が対向車線へ移って被追越車の後端に追いついたところを追越動作の始まる点として算出する最小必要追越視距を考えることもある．この場合，対向車を認めたときには，もとの車線へもどるわけである．

追越視距の計算は次のようにして行う．

（ⅰ）追越しが可能であると判断してから，加速しながら対向車線へ移行する直前までに追越車の走行する距離L_1(m)．

$$L_1 = \frac{V_0}{3.6} t_1 + \frac{1}{2} a t_1^2 \qquad (4\cdot 13)$$

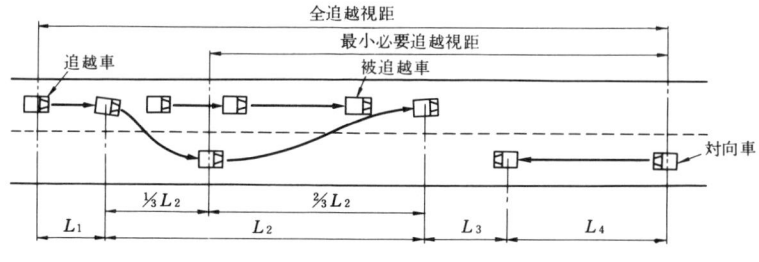

図4・15　追 越 視 距

ただし　V_0 = 追越しされる車の速度 (km/時)
　　　　t_1 = 加速時間 (秒)
　　　　a = 平均加速度 (m/秒^2)

（ii）　追越しを始めてから終わるまでに，追越車が対向車線上を走行する距離 L_2(m).

$$L_2 = \frac{V}{3.6} t_2 \qquad (4\cdot14)$$

ただし　V = 追越車の速度 (km/時)
　　　　t_2 = 追越開始から完了までの時間 (秒)

（iii）　追越しが終わったときにおける追越車と対向車との車間距離 L_3(m). この値は 30～100 m 程度の値である.

（iv）　追越車が追越しを終わるまでに対向車が走行する距離 L_4(m). 追越車が追越しを始めてから終わるまでの全時間を想定して L_4 を求めることは，あまりにも視距が長くなって実際的でない．追越車が完全に対向車線上に移ってから追越しを完了するまでに走行する時間を考えれば十分である．その時間はだいたい追越開始から完了までの時間 t_2 の 2/3 である．対向車の速度を追越車の速度 V に等しいとすると

$$L_4 = \frac{V}{3.6} \frac{2}{3} t_2 = \frac{2}{3} L_2 \qquad (4\cdot15)$$

追越視距としては以上のようにして求めた L_1, L_2, L_3, L_4 を加えたものとなる．すなわち

$$L = L_1 + L_2 + L_3 + L_4 \qquad (4\cdot16)$$

また，最小必要追越視距としては $(2/3)L_2, L_3, L_4$ の和を考えればよい．すなわち

$$L = (2/3)L_2 + L_3 + L_4 = (4/3)L_2 + L_3 \qquad (4\cdot17)$$

追越車，対向車，被追越車等の速度，その他の各値を適当に想定して追越視距を計算した結果が表 4・11 である．

構造令では，車道が往復それぞれ 1 車線でできている道路においては，必要に応じて十分な追越視距をもつ区間を設けるように決めている.

表 4・11　追越視距の計算値

			100	80	60	50	40
追越車・対向車の速度		V (km/時)	100	80	60	50	40
被追越車の速度		V_0 (km/時)	80	60	45	37.5	30
L_1	平均加速度 α	(m/秒^2)	0.66	0.65	0.63	0.62	0.61
	加速時間	t_1 (秒)	4.5	4.2	3.7	3.4	3.1
		L_1 (m)	113	82	51	34	28
L_2	追越所要時間	t_2 (秒)	11.4	10.4	9.5	9.0	8.5
		L_2 (m)	317	231	159	125	95
L_3		L_3 (m)	80	60	40	30	25
L_4		L_4 (m)	211	154	106	81	63
全追越視距　$L_1+L_2+L_3+L_4$		(m)	700	550	350	250	200
最小必要追越視距　$(4/3)L_2+L_3$		(m)	500	350	250	200	150

4・7　線形（曲線部）

線形（Alignment）とは平面的に見た道路の形で，この形が道路の利用に対して及ぼす影響はきわめて大きい．線形で問題になるのは，もちろん曲線部で，この部分においても直線部と同様な速度または快適さが望ましく，そのためには次に順次述べるようなことに対して注意する必要がある．

（1）曲線の種類

道路の曲線部に使う平面曲線としては通常円曲線（Circle）を使用する．そのほかに直線部と曲線部あるいは半径の異なる二つの円曲線間を連結する緩和曲線として，特殊な曲線を用いることがあるが，これについては後に述べることにする．普通に用いられている円曲線としては次のようなものがある．

（a）**単曲線**（Simple curve, Circular curve）　　1個の円曲線によって両方からの直線部を連結するもの．円曲線と直線との間には緩和曲線を挿入する．

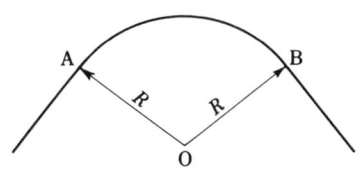

図 4・16　単曲線

(b) 複合曲線(Compound curve)　図4・17のように同じ方向に曲がる二つの円曲線を接続したものを複合曲線という．この二つの円曲線の間は図4・18のように曲線半径のしだいに変わる緩和曲線で接続する．ただし，緩和曲線の移程量 s が，10cm 以下になる場合には緩和曲線を省略して複合曲線を使用する．

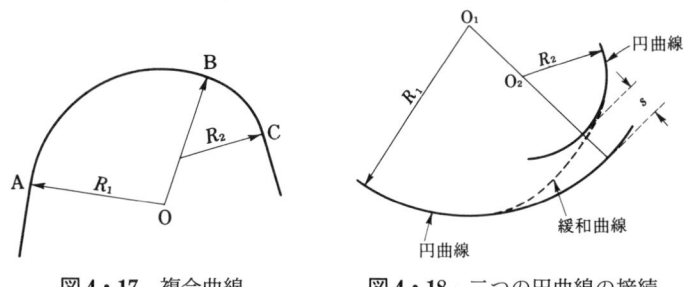

図4・17　複合曲線　　　図4・18　二つの円曲線の接続

(c) 背向曲線(Reverse curve, S-curve)　図4・19のように反対方向に曲がっている二つの円弧が，直接接続しているものを背向曲線という．この曲線は，複合曲線以上に好ましくなく，やむをえずこのようなS形の屈曲を用いる場合には，両曲線間にそれぞれの緩和区間を加えた長さの部分を設けなければならない．

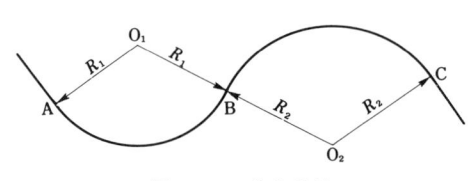

図4・19　背向曲線

(d) 反向曲線(Hair-pin curve)　図4・20のように曲線部がヘヤピンの形をしたものを反向曲線という．山岳部の道路で勾配を緩和するためには，このような曲線を使用する以外に方法がない場合にだけ用いられる．

(2) 曲線半径

　曲線部を高速度で自動車が走る場合，その自動車に加わる遠心力によって自動車がすべらないようにするためには，曲線の内側より外側を高くすることに

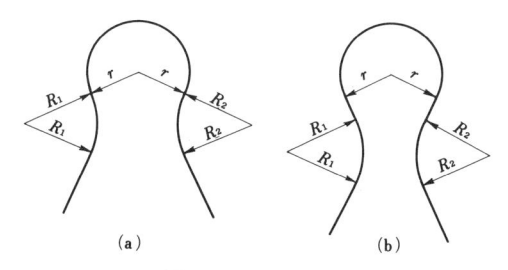

図 4・20 反向曲線

よる勾配すなわち片勾配をつける必要がある．いま遠心力を $F(\mathrm{kN})$ とすると次の式で求めることができる．

$$F = \frac{W\left(\dfrac{V}{3.6}\right)^2}{g\,R} \fallingdotseq \frac{WV^2}{127R}$$

ただし　$W =$ 車両の重量 (kN)
　　　　$V =$ 車両の速度 (km/時)
　　　　$R =$ 曲線半径 (m)
　　　　$g =$ 重力の加速度 $(9.8\,\mathrm{m}/秒^2)$

図 4・21 において車両が横すべりしないためには次の式が成立しなければならない．

$$F\cos\alpha - W\sin\alpha \leqq f(F\sin\alpha + W\cos\alpha)$$

ただし　$f =$ 路面とタイヤとの間の横すべり摩擦係数
　　　　$\alpha =$ 片勾配の水平となす角度 (度)

この式を整理して前に求めた遠心力 F の値および $\tan\alpha = i$ を入れ，また fi の

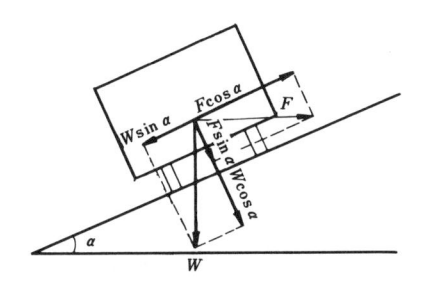

図 4・21 曲線部走行図

値は1にくらべて小さいので無視すると

$$R \geqq \frac{V^2}{127(i+f)} \tag{4・18}$$

この式(4・18)によってRとV，i，fなどとの間の関係が与えられる．

横すべり摩擦係数fの値は路面やタイヤの種類，状態などによって非常に異なり，一般に乾燥状態のときには大きく0.4～0.8ぐらいの値を示し，湿潤状態とくに凍結しているようなときには小さくて0.1ぐらいの値となる．また車両の速度によっても異なり，速度が大きくなるにつれて減少する傾向がある．

20～120km/時の速度(V)に対して，妥当と思われる横すべり摩擦係数(f)を採用し，片勾配(i)として10％，8％，6％および－2％を用いて式(4・18)によってRの最小値を計算すると表4・12のような値を得る．

$i=-2\%$は市街部を対象としたものである．市街部の$i=-2\%$というのは，片勾配がとれないときに横断勾配によって路面が曲線の外側に向かって，傾斜していることがあるのを考慮したものである．構造令の曲線半径は表4・12の結果に基づいて決められたものである．

表4・12 速度と曲線半径との関係

V (km/時)	f	R (m)			
		$i=10\%$	$i=8\%$	$i=6\%$	$i=-2\%$
120	0.10	566	630	710	—
100	0.11	375	414	463	—
80	0.12	229	252	280	—
60	0.13	123	135	149	219[1]
50	0.14	82	89	99	152[1]
40	0.15	50	55	60	100
30	0.15	28	31	34	55
20	0.15	13	14	15	24

(注) 1)は$f=0.15$を使用

(3) 片 勾 配 (Superelevation)

曲線半径Rをもつ曲線部において，車両を横すべりさせないようにするためには，前述の式(4・18)より求めた次のような勾配を使用すればよい．

$$i = \frac{V^2}{127R} - f \qquad (4\cdot19)$$

　従来この式(4・19)によって片勾配を決めていたけれども，これでは横すべりはしないけれども乗っている人は相当の遠心力を受け，乗り心地のうえからは具合が悪い．そこで乗っている人の受ける遠心力と自重との合力がちょうど車両の床，すなわち路面に垂直になるようにすれば乗り心地は悪くならないのでそのような片勾配が用いられるようになった．この場合遠心力は車両の速度によって異なり，すべての速度の車両に対して上に述べたような条件を満足することは不可能なので，もっとも多く現れる速度に対して自重と遠心力との合力が路面に垂直になるように定めればよい．図4・22において自重Wと遠心力Fとの合力が路面に垂直になるためには次の式を満足しなければならない．

$$\tan \alpha = \frac{F}{W}$$

ところが $\tan \alpha = i$, $F = \dfrac{WV_m^2}{127R}$

$$\therefore \quad i = \frac{V_m^2}{127R} \qquad (4\cdot20)$$

ただし　$V_m = $ もっとも多く現れる速度(km/時)

この式(4・20)によって与えられるiを使用すればよい．

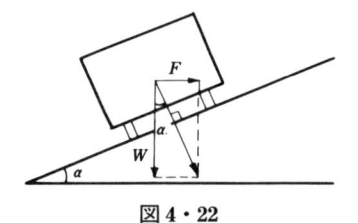

図4・22

　以上の横すべりと乗り心地の両面を考慮して片勾配を決めればよい．高速度でかつ比較的等しい速度で走っている自動車が多いときには主として乗り心地の面から，またいろいろな速度で走っている自動車が多いときには横すべりの面から考えればよい．構造令では，道路の種別および積雪寒冷の度合に応じて最大片勾配を6％，8％，10％というように決めている．なお，最小片勾配は排水を考慮して，路面の種類に応じて決める必要がある．

(4) 曲　線　長

　道路の交角が小さい場合には，かなり大きい曲線半径を使っても曲線が短くてすむことが多い．この曲線長があまり短いと次に述べるようにいろいろ都合の悪いことが生じる．

　ⅰ）運転者のハンドル操作がやりにくい．　ⅱ）遠心加速度の増加率が大きくなる．　ⅲ）曲線半径が実際より小さく感じられて，曲線が折線に近く見えるので運転上具合が悪い．

　以上の不都合に対して，ある一定の長さ以上の曲線長をもたせることが必要である．図4・23において，曲線長Lは次の式(4・21)で求めることができる．

$$L = R\theta \quad (\theta はラジアン) \tag{4・21}$$

　ⅰ）に対しては，従来の経験から，自動車の通過時間が6秒程度以上が望ましいとされているので，それに応ずる曲線長を使用する．

　ⅱ）に対しては，遠心加速度の増加を調節するのは緩和区間においてであるから，曲線長としては少なくとも緩和区間長の2倍が必要である．

　ⅲ）の曲線半径が実際より小さく感ぜられるのは，経験上交角が7°より小さいときである．したがって交角7°を境にして，これより大きい場合には最小曲線長を一定にし，小さい場合には最小曲線長をしだいに大きくすればよい．

　実際においては，以上述べたことを参考にして，曲線長すなわち車道の曲線部の中心線の長さ（緩和曲線が使用されているときには円曲線に緩和曲線の長さを加えた長さ）は，交角が7°未満の場合には後に述べる緩和区間の長さの2倍よりも長くなるようにすればよい．しかし緩和曲線だけでつくった曲線部は

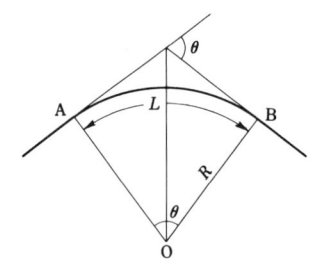

図4・23　曲線長

いくらか運転しにくいので，その間に約3秒以上，少なくも2秒以上走る距離をもつ円曲線を挿入することが望ましいといわれている．

(5) 曲線部の車道幅員の拡大（拡幅）

自動車が曲線部を曲がる場合，後輪は前輪より内側を通り，したがって自動車が他の車線を犯さずに回転するためには，曲線部における車線幅は直線部におけるものよりも広くなければならない．どれだけ広くしたらよいかということは次に述べるように各車線ごとに考える必要がある．

いま曲線部を自動車が図4・24のように矢印方向に進行し曲がるとすれば，単車の場合には図4・24（a）のように，セミトレーラの場合には図4・24（b）のように，それぞれ車線の内側にεだけの幅を拡大する必要がある．このεの値は円の性質によりそれぞれ次のように求めることができる．

(a) 単車の場合 　　　　　(b) セミトレーラの場合

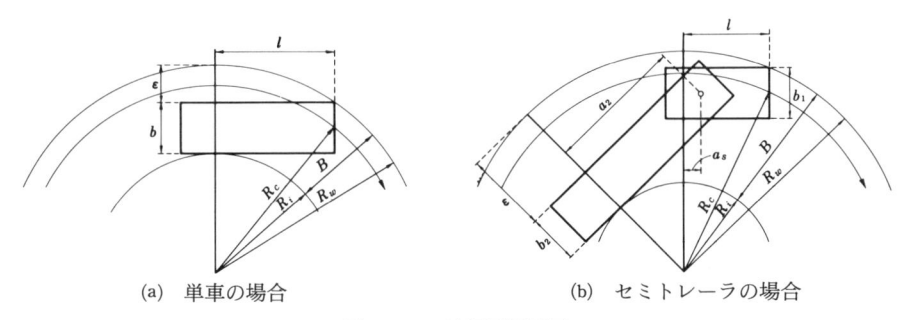

図4・24　拡幅量計算図

（a）単車の場合　　図4・24（a）において

$B = $ 車の走行幅員

$R_c = $ 車線中心線の半径

$R_i = $ 内側曲線の半径

$R_w = $ 外側曲線の半径

$b = $ 車両の幅

$l = $ 車両の前端から後車軸までの長さ

$\varepsilon = $ 拡幅量

とすれば次の式が成り立つ．

$$B = R_w - R_i \qquad \text{(i)}$$

$$R_i = \sqrt{R_w{}^2 - l^2} - b \qquad \text{(ii)}$$

式(ii)を式(i)に入れて

$$B = R_w - \sqrt{R_w{}^2 - l^2} + b \qquad \text{(iii)}$$

また

$$R_c{}^2 = \left(R_i + \frac{b}{2}\right)^2 + l^2$$

これより

$$R_i = \sqrt{R_c{}^2 - l^2} - \frac{b}{2} \qquad \text{(iv)}$$

式(iv)を式(ii)に入れて R_w を求めれば

$$R_w = \sqrt{\left(\sqrt{R_c{}^2 - l^2} + \frac{b}{2}\right)^2 + l^2} \qquad \text{(v)}$$

式(v)を式(iii)に入れて

$$B = \sqrt{\left(\sqrt{R_c{}^2 - l^2} + \frac{b}{2}\right)^2 + l^2} - \sqrt{R_c{}^2 - l^2} + \frac{b}{2}$$

$$\therefore \ \varepsilon = B - b$$

$$= \sqrt{\left(\sqrt{R_c{}^2 - l^2} + \frac{b}{2}\right)^2 + l^2} - \sqrt{R_c{}^2 - l^2} - \frac{b}{2} \qquad (4 \cdot 22)$$

(b) セミトレーラの場合　図 4・24(b)において

　$b_1 =$ トラクタの車両の幅

　$b_2 =$ トレーラの車両の幅

　$l =$ トラクタの前端から後車軸までの距離

　$a_2 =$ トレーラのキングピンの位置から後車軸までの距離

　$a_s =$ キングピンの位置からトラクタの後車軸までの距離（オフセットという）

とすれば(a)の場合に準じて次の式が求まる．

$$B = \sqrt{\left(\sqrt{R_c{}^2 - l^2} + \frac{b_1}{2}\right)^2 + l^2} - \sqrt{R_c{}^2 - l^2 - a_2{}^2 + a_s{}^2} + \frac{b_2}{2}$$

$$\therefore \ \varepsilon = B - b_2$$

$$= \sqrt{\left(\sqrt{R_c{}^2 - l^2} + \frac{b_1}{2}\right)^2 + l^2} - \sqrt{R_c{}^2 - l^2 - a_2{}^2 + a_s{}^2} - \frac{b_2}{2}$$
(4・23)

以上の式 (4・22), (4・23) に設計車両の諸元を入れて計算すれば必要な拡幅量が求まる.

表 4・13 は,道路の区分,曲線半径に応ずる拡幅量を示したものである.ただし,第 2 種および第 4 種の道路においては,地形の状況その他の特別の理由によりこれによらないこともある.

表 4・13 拡 幅 量

曲線半径 (m)				拡幅量 (m) (1 車線あたり)
第 1 種,第 2 種,第 3 種第 1 級,第 4 種第 1 級		その他の道路		
150 以上	280 未満	90 以上	160 未満	0.25
100	150	60	90	0.50
70	100	45	60	0.75
50	70	32	45	1.00
		26	32	1.25
		21	26	1.50
		19	21	1.75
		16	19	2.00
		15	16	2.25

(6) 緩和区間および緩和曲線

自動車が直線部から曲線部に入る場合,逆に曲線部から直線部へ出る場合,曲線半径無限大の部分から有限の所へ,あるいはその逆方向に自動車が進むことになり,ハンドルを操作するうえからも,また,遠心力の変化の状況からも具合がよくない.この不都合を除くためには曲線半径を漸変させることが必要である.また,曲線部においては片勾配,拡幅など直線部とはまったく異なる構造を取っており,このすりつけを行う区間も必要である.このように曲線半径を漸変させ,片勾配,拡幅などのすりつけを行う部分として設けられる区間が緩和区間である.

緩和区間長は,曲線半径の変化に伴う遠心加速度の変化率をある限度に押さえること,ハンドル操作上無理のない時間の長さがとれること,この二つの面

から決める．前者については，遠心加速度の変化率 p (m/秒³) を 0.5～0.75 m/秒³ 以下とする．すなわち

$$p = \frac{\left(\frac{V}{3.6}\right)^3}{lR} \leq 0.5 \sim 0.75$$

$$\therefore \quad l \geq \frac{0.029\,V^3}{R} \sim \frac{0.043\,V^3}{R} \tag{4・24}$$

ただし　l = 緩和区間長 (m)
　　　　V = 自動車の速度 (km/時)
　　　　R = 曲線半径 (m)

後者については，ハンドル操作上無理のない時間は 3～5 秒程度以上であるから，その長さ l (m) は次のとおりである．

$$l = \frac{V}{3.6}t = 0.83\,V \sim 1.39\,V \tag{4・25}$$

ただし　t = 時間 (秒)

上に述べたことに基づいて，構造令においては，設計速度に応じて 20～100 m の緩和区間の長さが与えられている．

緩和区間に対しては従来図 4・25 のような緩和接線 (Transition tangent) が用いられていたが，緩和曲線 (Transition curve) を使用することが望ましい．

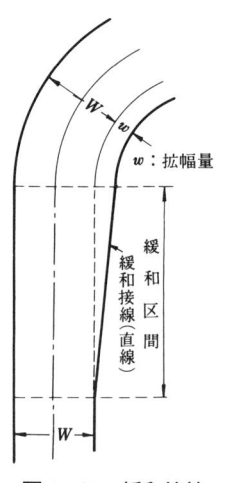

図 4・25　緩和接線

緩和曲線としては，いままでに次のような曲線が提案されている．
ⅰ) 3次放物線，　ⅱ) レムニスケート (Lemniscate)，　ⅲ) 螺線 (Spiral) またはクロソイド (Clothoid)，　ⅳ) 半径をしだいに変化させた数個の円弧の複合曲線

ここでは現在主として使用されているクロソイドについて説明しよう．曲線半径が曲線の長さに比例して減少するような曲線がクロソイドで，すなわち図4・26において次のような関係がある．

$$\rho = \frac{c}{l}$$

ただし　$c = $ 定数
ところが

$$\rho = \frac{dl}{d\varphi}$$

$$\therefore \quad \frac{dl}{d\varphi} = \frac{c}{l}$$

この微分方程式を解くと次の式を得る．

$$\varphi = ml^2 \tag{4・26}$$

ただし　$m = \dfrac{1}{2Rl_1}$　また $c = Rl_1$ となる．

　　　　$R = $ 円曲線の半径
　　　　$l_1 = $ 緩和曲線 (AB) の長さ

ところが $dx = dl\cos\varphi$, $dy = dl\sin\varphi$ であるから，これらの式と式(4・26)とより次の式を得る．

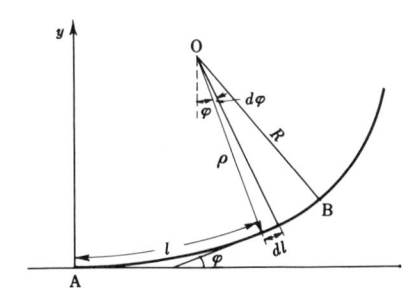

図4・26　クロソイド曲線を使用した緩和曲線

$$x = l\left(1 - \frac{\varphi^2}{10} + \frac{\varphi^4}{216} - \frac{\varphi^6}{9360} + \cdots\right) \atop y = l\left(\frac{\varphi}{3} - \frac{\varphi^3}{42} + \frac{\varphi^5}{1320} - \frac{\varphi^7}{75600} + \cdots\right) \Bigg\} \quad (4\cdot27)$$

また式(4・27)より，x，y間の関係式を出すと

$$y = \frac{x^3}{6c}\left(1 + 0.0057\frac{x^4}{c^2} + 0.0074\frac{x^8}{c^4} + \cdots\right) \quad (4\cdot28)$$

ただし $c = Rl_1$

このクロソイド曲線はクランダル螺線(Crandal's spiral)ともいい，図4・27のような形をしている．

わが国においては，日本道路協会でクロソイドポケットブックを作製しており，クロソイド曲線を数表化しており，使用の便をはかっている．

クロソイド曲線を使用すれば，図4・28のように直線部すなわち曲線半径無限大の所から始まってしだいに曲線半径が減少し，最小値を経て再び増加，最後に無限大の所すなわち直線部に出るような曲線を考えることができる．このような曲線は全区間緩和曲線でできており，全緩和屈曲と名づけられる．

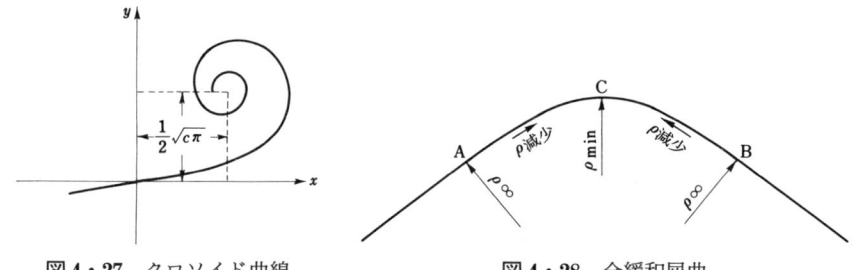

図4・27 クロソイド曲線　　図4・28 全緩和屈曲

曲線部の片勾配，拡幅のすりつけは，通常この緩和区間において行う．いずれも緩和区間の延長に比例して行えばよい．車道幅員は緩和区間の始点においては直線部の車道幅に等しく，終点においては円曲線上における拡幅量だけ広げた車道幅をもたせるようにして，その間は始点からの距離に比例して広げてゆけばよい．

片勾配のすりつけは，通常道路あるいは車道の中心を回転軸にして行っている．すなわち図4・29のように車道内側線および中心の高さを一定として外側

表 4・14 片勾配のすりつけ割合

設計速度 (km/時)	すりつけ割合 (m/m)
120	1/200
100	1/175
80	1/150
60	1/125
50	1/115
40	1/100
30	1/ 75
20	1/ 50

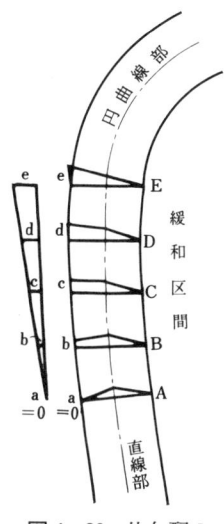

図 4・29 片勾配のすりつけ

線の高さをしだいに増し，円曲線の始点Eにおいて必要な片勾配をもたせるようにする．この片勾配のすりつけに際しては，車道の外側線の上昇速度および車道面の進行方向を軸とする回転角速度を，一定限度以下に押さえる必要がある．人体の快，不快に対しては回転角速度の影響の方が大きいようである．わが国では通常表4・14のように設計速度に応じて片勾配のすりつけ割合の最高値を決めている．なお，外側線を上げてゆき内線側と結んだ線が直線部の横断勾配を取ったときの路頂より上に来たときには，それ以後においては片勾配とし，それまでは内側線，路頂，外側線を結んだ曲線で路面を形成させればよい．

（7）視　　距

曲線部においては視距は重要な問題であるが，このことについてはすでに縦断曲線および視距の所で述べておいたから，ここでは省略する．

4・8 交　　差

（1）平　面　交　差

道路が互いに平面で交差する平面交差には，通常の交差（単純交差）とロータリー交差がある．ロータリー交差は，交差点の中央に島があって，この島の

まわりを自動車が一定の方向に流れるもので，交通量が少ないときには具合がよい．しかし交通容量が小さく，現在のように交通量が多くなると，ここで混乱が生じ，特別なところ以外では使用されないようになってきた．したがってここでは普通の交差だけについて述べることにする．

（a）平面交差の形状・計画　一つの交差点に対して，駅前広場など特別な箇所を除いては5以上の道路を交わらせてはいけない．5枝以上の交差は3枝交差，4枝交差に比べて交通制御が困難で，容量および安全上好ましくない．また，道路は交差点になるべく直角に入るのがよく，とくに主流交通の道路はできるだけ直線に近い線形にする．

交差点の構造設計は，その道路の設計時間交通量，設計速度によるのを原則とする．しかし建設当初の交通量が少ないときには，供用開始後約5〜10年後の推定交通量でまず計画して第1次段階建設を行い，以後の建設についてはあらかじめ手順を考えておく．

交差点における交通制御には，信号制御と一時停止制御とがある．設計速度100 km/時以上の道路は追突事故を防ぐために，また，第1種の道路は長距離交通であり，元来，出入制限すべきものであり，ともに信号制御を行わない．設計速度80 km/時以上の道路は一時停止制御を行わないものとし，また設計速度60 km/時以上の道路が相互に交差する場合には，直進交通に対しては一時停止制御を行わないものとする．

交差点間の間隔は，交通処理上なるべく大きい方がよい．一般道路の場合の交差点間隔の標準下限値（単位 m）はだいたい次のとおりである．

信号交差点どうし
　　第3種，第4種　　$V \times 3.0$

非信号交差点と信号交差点
　　第3種　　$V \times n \times 2.0$　　　　第4種　　$V \times n \times 1.5$
　　ただし　$V=$ 設計速度（km/時）
　　　　　　$n=$ 片側走行車線数

車両が交差点を安全かつ容易に通過するためには，その手前かなりの距離から交差点の存在，信号，道路標識などがはっきりと視認できなければならない．その最小視認距離は表4・15のとおりである．

表4・15 交差点の視認距離　　　（単位　m）

設計速度(km/時)		20	30	40	50	60	80
信号交差点	第3種	60	100	140	190	240	350
	第4種	40	70	100	130	170	—
一時停止交差点		20	35	55	80	105	—

　交差点の前後においては車両の停止，発進が繰り返されるので，かなりの区間できるだけゆるやかに，通常2.5％以下の縦断勾配にする．また，縦断曲線の頂部および底部付近には交差点を設けないようにする．
（b）　**平面交差点の構造**　　図4・30は平面交差点の一例を示したものであるが，この平面交差点の構造上考えなければならないものとしては次に述べるようなものがある．
（ⅰ）　**車　　線**　　交差点における車線としては本線車線，屈折車線，変速車線がある．屈折車線としては右折・左折，変速車線としては減速・加速のそれぞれ2種類があり，これらを状況に応じて適宜設ける．幅員は普通道路では3m，小型道路では2.5mを標準とする．なお，屈折あるいは変速車線を設ける場合には本線の車線幅員は，第4種第1級の道路では3m，第4種第2級または第3級の道路では2.75mまで縮小してよい．
（ⅱ）　**導　流　路**　　交通流を正しく導くために独立した導流路を設けることがある．導流路は，その交差点の形状・交角・交通量・交通規制の方法などを

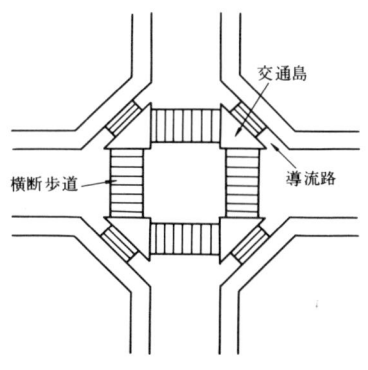

図4・30　平面交差点の一例

考慮して設計する．小型乗用車が3台以上並ぶと交通制御上具合が悪く，したがって幅員は小型自動車が3台並べない程度以下とする．

（iii）交通島および分離帯　交通島は交差点内の不必要な空間(Dead space)を埋め，交通流を導き，横断歩行者の安全を図るためのものである．分離帯は横断歩行者の安全，対向車の誤認防止，転回・右横断の防止，交通流の誘導などに役立つ．交通島，分離帯の外周は原則として直線と円の組合せとし，縁石で囲む．縁石の高さは12〜15cmを標準とするが，横断歩道の取付部は段差を設けないでなめらかにしておくことが望ましい．

（iv）歩道および横断歩道　交差点付近の歩道の有効幅員は単路部のそれより原則として狭くしてはいけない．また，この交差点付近の歩道上には道路標識以外の施設は設けてはならない．

横断歩道の位置は，交差点の形状，自動車・歩行者の交通量などを考慮し，車道横断距離ができるだけ短く，交差点面積もできるだけ狭くなるように定める．横断歩道の幅員は4.00m以上とする．しかし特別な場合には，これを2.00mまで狭くしてよい．一度に渡り切る横断歩道の長さが15m以上のときには途中に安全島を設ける．安全島は幅1.25m，面積$5.0m^2$以上とする．

（v）見通し　信号交差点においては見通せなくても安全に交通処理できる．しかし信号制御されない交差点においては，交差道路の主従関係を明らかにしておいて，従道路を走ってきた車両が，停止線の位置より，十分見通せるようにしておかなければならない．見通し距離は，停止線の位置・道路幅員・交差角・設計車両長・設計速度などを考えて決める．

（vi）隅切り（すみきり）　第4種の道路の交差点においては，車両が安全かつ円滑に回転走行できるように隅角部を切りとる．歩道が標準幅員だけあり，

表4・16　交差点の隅切長　　（単位　m）

種別	1 級	2 級	3 級	4 級
1 級	12	10	5	3
2 級	10	10	5	3
3 級	5	5	5	3
4 級	3	3	3	3

交差角が90°に近い場合には表4・16の値を標準にする．しかし，交差角が90°より小さい場合，大きい場合，その他特別な理由のある場合においては，個々の交差点ごとに決める．

(2) 立 体 交 差

立体交差には，高速道路と一般道路との間に設けるような通常の立体交差と，交差点内に設ける立体交差とがある．いずれの立体交差の計画に当たっても，交通処理に関する総合的な検討をしなければならない．また周辺の土地利用との関係を十分に考慮する必要がある．

（a）立体交差の計画　ここでは前述の通常の立体交差を取り扱う．高速道路と高速道路，高速道路と一般道路との間は立体交差とする．一般道路において，本線の車線の数が4以上の道路が相互に交差する場合は，状況に応じて立体交差とする．いずれか一方が2車線の場合は原則として平面交差とする．しかし，最終的に立体交差にするかどうかは，道路網の構成，立体交差の間隔，道路の機能などを考えて決めることになる．

構造形式は優越する交通の流れを円滑にするように定め，車線数は前後区間の車線数，交通流の集散状況などを考慮して決める．また，互いに立体交差する道路間を連絡する道路すなわち連結路（ランプ，Ramp）を必要に応じて設ける．

（b）交差点立体交差の計画　この立体交差は主として第4種の道路の交差点に設けられるものである．立体化する交通流は原則として交通量の多い方向のものであるが，交通処理，交差する街路，地形，建設費などいろいろな状況を総合判断して決める．十字交差点における立体交差の例を示したものが図4・31である．この図のように本線，連結側道，立体交差流出入部からなってい

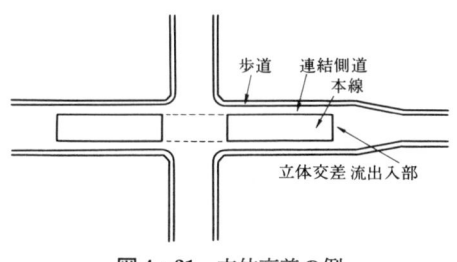

図4・31　立体交差の例

る．連結側道の幅員は，少なくとも1車線に停車帯を加えた幅員にする．連結側道と交差する街路との交差は平面交差に準ずる配慮が必要である．

（c）**インターチェンジ**　立体交差をなす道路相互間を連絡する連結路をもつ立体交差の部分をインターチェンジ（Interchange）という．インターチェンジの位置は，地域計画，広域的な交通計画と関連をもたせ，経済効果等を考えて決める．高速道路におけるインターチェンジの間隔は通常次の程度である．

　　工業地域または大都市周辺　　5～10 km
　　平地で小都市の点在する場合　15～25 km
　　山地部　　　　　　　　　　　20～25 km

インターチェンジの計画・設計に際しては，道路交通計画のなかで総合的な検討を行うとともに，次のような事項について十分考慮し，もっとも適切な形式を選定する．

　ⅰ）交差接続する道路の種類・性格・交通量・交通容量および速度　ⅱ）付近の地形・地物　ⅲ）関連地域の地域計画，土地利用計画　ⅳ）建設・管理などに必要な費用　ⅴ）得られる便益

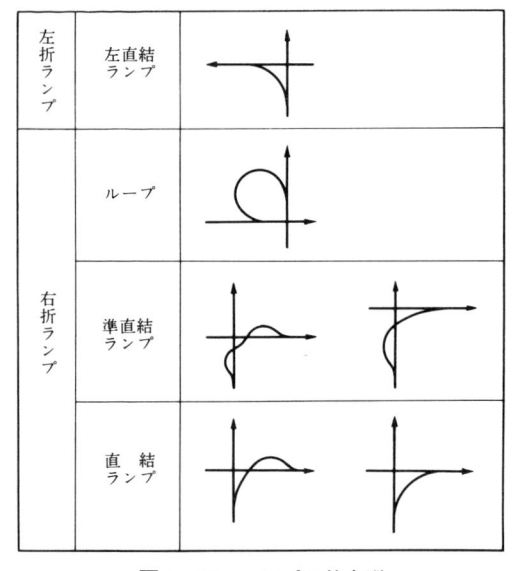

図4・32　ランプの基本型

4・8 交　　差

　インターチェンジは，交差する本線の車道とそれらを互いに結びつける連結路とからなっている．この本線車道と連結路との結合状態に応じて次のようなランプ(連結路)の基本型が考えられる．

　　左折ランプ：左直結ランプ

　　右折ランプ：ループ，準直結ランプ，直結ランプ

　これらを図示したものが図4・32である．

　インターチェンジは，交差接続する道路の枝数，交通動線の処理方式などに応じて，ランプの基本型をいろいろ組み合わせて形成される．このようにしてできるインターチェンジの形式としては，次のようないろいろなものがある．

　　i) トランペット型， ii) ダブルトランペット型， iii) 直結ランプによるY型， iv) 半直結ランプによるY型， v) 変形トランペット型， vi) ダイヤモンド型， vii) 不完全クローバー型， viii) クローバー型， ix) ロータリー型， x) タービン型， xi) 直結型

　図4・33は立体交差の例を図示したものである．

　連結路の構造は，基本的には普通の道路と同じ考え方でよいが，構造・速度などの異なる二つの道路間を連結する特別な性格をもっているものであるから，道路構造令をそのまま適用することは難しい．線形・幅員・縦断勾配・横断勾配・視距・道路標識その他すべてについて，その連結路のもつ条件に合致するように十分に配慮する．

　連結路が本線と接続する部分すなわちランプターミナル(ランプ接続端)は，進路および速度の変更が，完全かつ円滑に行われるように設計する．そのためには次のようなことに配慮する必要がある．

　　i)　連結路に設ける変速車線の線形と本線の線形とを調和させる．
　　ii)　本線と連結路相互間の見通しをよくする．
　　iii)　ランプターミナルの確認がしやすいようにする．

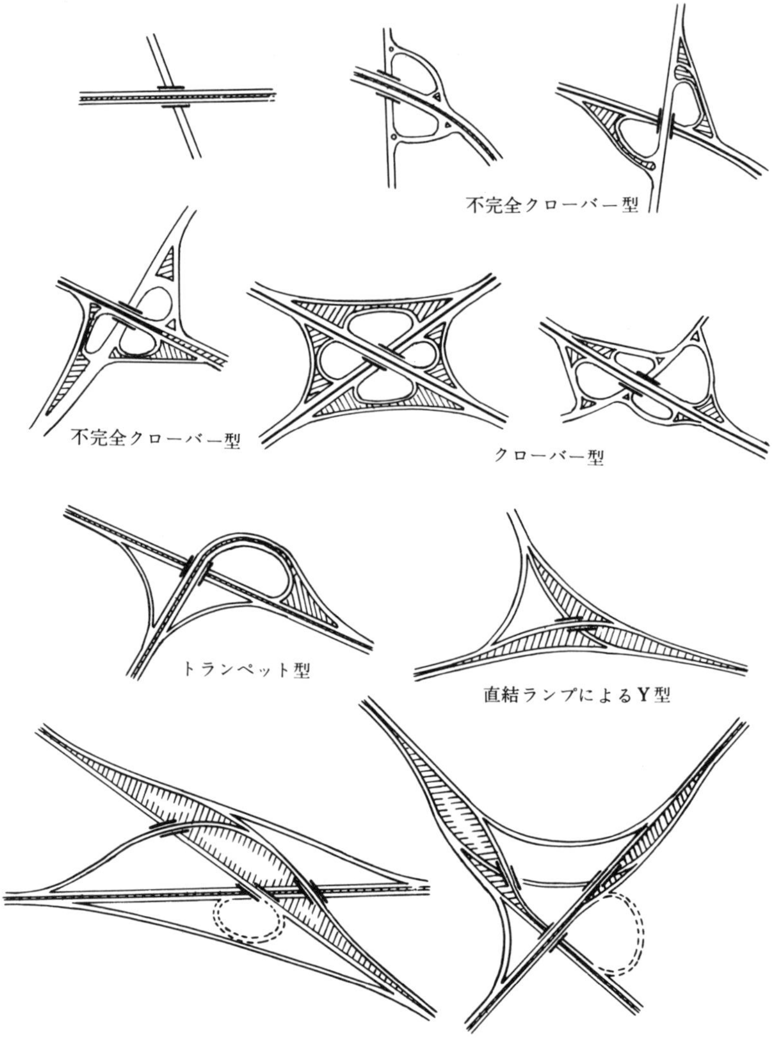

不完全クローバー型
不完全クローバー型
クローバー型
トランペット型
直結ランプによるY型

図4・33　立体交差の例

4・9　鉄道との交差

(1)　平　面　交　差

道路と鉄道との交差は前にも述べたように，原則として立体交差にするが，実際には経済上，地形上立体交差にすることは困難なことが多い．平面交差に

する場合には，いわゆる踏切を設けるが，この場合には次のようなことを考慮する必要がある．

（a） **道路と鉄道との交差角**　交差角は 45°以上とする．

（b） **踏切前後の道路の視認距離と縦断勾配**　踏切前後の道路上から踏切を視認できる必要があり，また，勾配が急ならば，踏切がしゃ断されているときの車両の停止にも，また，しゃ断終了後出発するにも都合が悪い．前後おのおのの長さ 30 m までの区間は踏切を含めて直線として視認できるようにし，またその区間の縦断勾配は 2.5 % よりゆるやかにする．

（c） **踏切前後の道路の構造，とくに幅員**　踏切のしゃ断が終わると，一時に相当の交通量が踏切を通ることになる．したがって踏切の幅員その他の構造は，前後の道路のそれと同等あるいはそれ以上にする必要がある．また，歩道をもたない道路では両側，あるいは歩行者の交通量が少ないときには片側に 0.75 m の歩道を設ける．

（d） **鉄道に対する見通し区間**　鉄道に対する見通し距離は，自動車が踏切の手前で停止して左右を見渡し，安全であるのを確かめた後出発し，踏切を通過できる程度とすることが必要である．このため線路のいちばん手前の軌道の中心線より車道の中心線に沿って 5.0 m を隔てた地点の路面上 1.2 m の高さにおいて，すくなくとも線路上左右おのおの表 4・17 に示す見通し区間を保つことが必要である．ただし，踏切しゃ断機その他の保安設備が設置されている箇所，または自動車交通量および鉄道の運転回数がきわめて少ない箇所はこの限りでない．

表 4・17　踏切における見通し区間長

踏切地点における鉄道または軌道車両の最高速度 (km/時)	見通し区間長 (m)
50 未満	110
50～70	160
70～80	200
80～90	230
90～100	260
100～110	300
110 以上	350

(2) 立体交差

道路と鉄道との立体交差には次のような方法が考えられる．

ⅰ) 道路の上げ越し， ⅱ) 道路の下げ越し， ⅲ) 鉄道の上げ越し， ⅳ) 鉄道の下げ越し， ⅴ) 道路，鉄道の上げ下げ越し

道路を利用するうえからいえば，鉄道の下げ越しがもっともよい．工費は状況によって異なるけれども，一般に道路の下げ越しが最低で，道路の上げ越しがこれに次ぎ，また鉄道の下げ越しが最高のようである．

道路全体でなくその一部を立体交差させる方法も行われることがある．たとえば歩道だけを橋または地下道とする場合，車道だけを橋とする場合などがある．下げ越しの場合には排水に関してとくに注意する必要がある．

問　題

4・1 現在住んでいる都市の幹線街路の幅員構成を設計せよ．

4・2 下り勾配 2% より上り勾配 3% へ変わる所において，衝撃に対し必要な縦断曲線の長さを計算せよ．また縦断曲線として放物線を用いるとして，その方程式を求めよ．ただし，自動車の速度は 60 km/時とする．

4・3 車道路面の横断形として使用する放物線と双曲線とを，式 (4・8)，(4・9) において $x/l = 0.1, 0.2, 0.3, \cdots, 1.0$ に対する y を計算のうえ比較検討せよ．

4・4 前の自動車が 40 km/時，後の自動車が 60 km/時の速度で走っているとして，追越視距を求めよ．ただし，加速時間 3 秒，平均加速度 0.62 m/秒²，追越所要時間 9.0 秒，追越しが終わったときにおける追越車と対向車との車間距離 30 m とする．

4・5 曲線半径 100 m の曲線部を自動車が 60 km/時で走るときに必要な片勾配を，次の二つの場合に対して求めよ．

ⅰ) 横すべり摩擦係数を 0.15 としたとき

ⅱ) 横すべり摩擦係数を考えないとき（乗り心地の面から考えるとき）

4・6 曲線半径 100 m の曲線部における拡幅量を設計車両（普通自動車）に対して求めよ．

4・7 曲線半径 100 m の曲線部における緩和区間長を，自動車速度 40, 50, 60 km/時に対して求めよ．

4・8 現在住んでいる都市におけるもっとも交通量の多い交差点に対して，どうしたら交通が円滑にさばけるかを検討せよ．

第5章 道路付属施設

5・1 まえがき

　道路は，それ自体の構造がいくら完全でも，植樹・照明・標識あるいは防護のための施設などいろいろな付属施設が完備していなければ，その機能を十分に発揮することはできない．さらに景観の整備も重要であり，ここではこれらのものについて説明しよう．

5・2 道路植樹

　道路植樹には，街路樹いわゆる並木のほかにグリーンベルト，分離帯，橋台敷，植込地などに植えた樹木および株物が含まれる．その主な目的の一つは道路さらに都市の美化であるが，そのほかに空気の清浄化，適度な湿度の供給あるいは騒音防止などがある．また，隣接地からの火災防止のような防災にも役立つ．以上のことから，以前多く使われていた，冬は人々に暖かい日ざしを与え，夏は涼しい緑陰を与える落葉樹だけでなく，状況に応じて常緑樹あるいは高さの低い株物なども利用することを考慮すべきである．

　道路植樹は，通常植物の生育上きわめて条件の悪い所に植栽されるので，次のような性質を備えているものでなくてはならない．

　ⅰ）移植に耐え，容易に施工できるもの，ⅱ）強度なせん定に耐えるもの，ⅲ）病虫害に強く強健で生育旺盛なもの，ⅳ）土質を比較的選ばないもの，ⅴ）常に補充できるもの，ⅵ）都市公害（排気ガス・煤煙などの空気汚染，道路舗装・建築物などによる反射熱など）に耐えて繁殖が旺盛なもの．

　以上のような性質を備えた樹木および株物を選ぶが，これらのものが生育する環境たとえば土質・地下水位・塩害などを考慮し，さらに都市の景観につい

て配慮することもたいせつである．地下水位の高い所，塩害のある所において，強い植物と弱い植物の例をあげると次のとおりである．

ⅰ) 地下水位の高い所
　　強い植物　　樹木：ヤナギ，トリネコ，アキニレ，落葉松，ハンノキ
　　　　　　　　株物：ネコヤナギ，アジサイ，ウツギ，コゴメウツギ
　　弱い植物　　樹木：イチョウ，トウカエデ，ユリノキ，ケヤキ，モミジ
　　　　　　　　株物：ツツジ類，サツキ類，ドウダン

ⅱ) 塩害のある所
　　強い植物　　樹木：マテバシイ，ウバメガシ，ヤマモモ，マキ，クスノキ
　　　　　　　　株物：ハマヒサカキ，キョウチクトウ，トベラ，サンゴジュ
　　弱い植物　　樹木：イチョウ，ケヤキ，スズカケ，トチノキ
　　　　　　　　株物：サワラ，ヒバ，ドウダン

「道路植樹の整備されている国は，その国の経済の豊かさを表す」といわれているが，都市においても同じで，道路植樹の整備はその都市の経済的豊かさだけでなく文化的な豊かさも示すものである．各都市独特な植樹は，その都市を訪れた人々に対して象徴的な深い感銘を与えるものである．

道路構造令によると，歩道に並木を設ける場合には歩道幅員に1.5mを加える(第11条4)，となっている．また，第4種第1級および第2級の道路には植樹帯を設け，その他の道路には必要に応じて植樹帯を設けることにしている．幅員は1.5mを標準とするが，都心部または景勝地を通過する幹線道路，あるいは相当数の住居が集合するかまたは集合することが確実と見込まれる地域を通過する幹線道路などにおいては，状況に応じて広幅員の植樹帯を設ける．

街路樹の植樹間隔は8m以上12mぐらいまでが多いが，ある区間は同一種類で高さ，形の同じようなものを植えるのが望ましい．東京都においては，500m以内の樹種の変更はしない，樹種を変更する場合には主要道路の交差点・立体交差および橋梁などの所で行うことにしている．

街路樹の配列様式としては，道路の両側に各1列ずつ植樹する場合と，さらに中央に1列もしくは2列を加えて3〜4列とする場合がある．この場合全樹列を同一の樹種にする場合と，両側と中央とを異ならせる場合とがある．グリーンベルトや分離帯その他のものに対しては，樹木や株物を列植する場合，一

定間隔をおいて植樹する場合，また芝やクローバーなどの地被植物で緑化する場合などがある．なお，植樹ますは雨水の吸収のためにも有効である．

5・3 道 路 照 明

夜間における道路照明は，運転者の疲労防止，自動車速度の増加，交通事故の防止などのために欠くべからざるものであり，犯罪の防止，都市美観の増進にも役立つ．

（1） 設 置 場 所

道路照明は本来すべての道路に設置することが望ましい．しかし費用の関係で投資効率の大きい所，すなわち交通量の多い所，交通事故の発生するおそれの多い所，走行の快適性等の利益を受ける人の多い所などに優先的に設置すべきである．また，状況に応じて連続的に照明する場合（連続照明）と局部的に照明する場合（局部照明）とがある．

（a） 高速自動車国道等 高速自動車国道およびこれに準ずる自動車専用道路においては，交通量の多い区間（40,000台/日以上），インターチェンジの間隔の小さい区間（2.5km以下），沿道にある一般道路の照明が運転者の視野に入る区間，路肩や中央分離帯の幅員が標準値より小さい区間などに対しては連続照明とする．また，たとえばインターチェンジ，料金所，サービスエリア，駐車場，バスストップ，トンネル，長大橋などに対しては局部照明を施す．

（b） 一般国道等 （a）以外の一般道路においては，交通量の多い市街部の道路（25,000台/日以上），夜間における交通事故の多い所には連続照明を設ける．交通信号機の設置された交差点または横断歩道，夜間の交通事故の多い所（年間3人以上），長大な橋梁またはトンネルには原則として局部照明を施す．その他，交差点または横断歩道，屈曲部，幅員構成の急変している所，踏切，橋梁，トンネル，停車帯または待避所，急勾配の坂路，駅前広場，料金徴収所などに対しては必要に応じて局部照明を設ける．

（2） 光 源 の 種 類

現在道路照明に使用されている光源としては，けい光水銀ランプ，ナトリウムランプ，けい光ランプがある．けい光水銀ランプの光色は冷白色で，寿命がもっとも長い．ナトリウムランプの光色は黄橙色で，効率はもっとも高く，周

囲の温度の変動に対して安定である．けい光ランプの光色は白色あるいは昼光色で，被射体の色彩を変えずに示す性質すなわち演色性に優れている．

（3）灯　　具

光源と照明器具を組み合わせたものを灯具といい，次の3種類がある．

ⅰ）カットオフ　　まぶしさを厳しく制限したもので，重要な道路に適する．走行に対する快適性は大きい．

ⅱ）セミカットオフ　　まぶしさをかなり制限したもので，一般道路でとくに周囲の明るい道路に適する．

ⅲ）ノンカットオフ　　まぶしさを制限していないもので，特殊な目的に使う．

灯具の高さは，まぶしさを一定限度に保つために光源光束の大きいほど高くする．光源光束 12,500 lm（ルーメン）未満，12,500～25,000 lm，25,000 lm 以上に応じてそれぞれ 8 m 以上，10 m 以上，12 m 以上とする．

灯具の配列には，向き合せ式，千鳥式，片側式および中央式がある．ポールは，自動車の走行に支障のないように，また衝突事故を避けるためになるべく車道から離して設置する．

（4）基　準　照　度

基準照度とは，照明施設の設計・設置の基礎になる平均路面照度の最低値のことである．連続照明における基準照度は，道路の重要度に応じて表 5・1 のとおりである．道路の重要度は同表の交通量によって決める．

表 5・1　基　準　照　度

道路の重要度	照度 (lx)	交通量 (台/日)
Ⅰ	15	15,000 以上
Ⅱ	10	7,000 以上 15,000 未満
Ⅲ	7	7,000 未満

きわめて重要な道路においては，基準照度を 30 lx（ルクス）まで増大することもある．

道路照明の効果は，運転者から見た路面の明るさ（輝度）によって決まる．アスファルト舗装とコンクリート舗装とでは，同一輝度を得るためには前者は後

者の 1.5 倍の照度を必要とする．

5・4 道路標識

道路標識（Road mark）は，車両が安全で迅速に交通でき，かつ道路の保全を図るために設置するもので，次のような性質をもたなければならない．

　ⅰ）　遠距離から標識の存在ならびにその種類を認めることができること．
　ⅱ）　短時間に標識の表示内容が判断できること．
　ⅲ）　夜間でも判別・判読できること．
　ⅳ）　全国的に，できるならば世界的に統一されていること．

標識に対して上述のような性質をもたせるために問題になることは，標識の大きさ・形・色および表示方法である．

（1）　標識の大きさと形

遠距離からその標識を認めることができるためには，なるべく大きい方がよいが，経済上，構造上制限を受ける．その大きさは，自動車の速度に関係し，自動車が標識を認めて運転上の措置をとるまでに走る距離に応じて決める．

形は遠距離から認めることができるもの，他のものと判別しやすいものが望ましく，また標識の種類ごとに統一する必要がある．わが国で現在用いられている形および基本寸法は次のとおりである．

　　案内標識……横長の長方形　たとえば $25 \times 60\,\mathrm{cm}$，$30 \times 75\,\mathrm{cm}$
　　警戒標識……菱形　$45 \times 45\,\mathrm{cm}$
　　規制標識……円形　径 $60\,\mathrm{cm}$
　　指示標識……逆三角形　一辺 $80\,\mathrm{cm}$，正方形 $60 \times 60\,\mathrm{cm}$
　　補助標識……円形　径 $40\,\mathrm{cm}$，横長の長方形　たとえば $12 \times 40\,\mathrm{cm}$

（2）　標識の色

標識の色としては，遠距離から標識を認め判読しやすい地色と字または記号の色との組合せが望ましい．このことを考慮してわが国ではたとえば，案内には白地に青字，警戒には黄地に黒記号，規制には絶対禁止を示すものは赤わく，白地，青記号，また指示には青地に白記号が用いられている．

（3）　標識の表示方法

標識の表示には文字を使う場合と，記号による場合とがある．記号によれば

外国人でも内容を知ることができて国際性があるが,覚える必要がある.文字の場合には,読むことによって内容を知ることができるが,国際性がない.わが国においては前に述べたように両者を併用している.また,文字・記号の大きさ,その線の太さなども問題になる.夜間見えやすくするために,ヘッドライトを反射させるガラス玉やスコッチライトを用いること,また広告その他に妨げられて見えにくくなるような箇所を避けること,などの注意が必要である.標識の高さは,種類によりいろいろであるが,通常 1.8m ぐらいを標準とする.

(4) わが国現行の標識

わが国の標識は表 5・2 のように,案内・警戒・規制・指示の本標識と補助標識との計五つに分けられている.案内・警戒各標識の全部,規制・指示各標識の一部は道路管理者が,規制・指示各標識の大部分は都道府県公安委員会が設置することになっている.

表 5・2　標識の種類

種類		例
本標識	案内標識	市町村名方向および距離
	警戒標識	十字道路交差点あり,右方屈曲あり
	規制標識	通行止め,駐車禁止,重量制限
	指示標識	安全地帯,横断歩道,駐車可
補助標識		終わり,区間内,注意事項

(5) 道路標示

道路標識と同じ目的を達成するために道路上に標示を行うことがある.これには追越禁止・駐車禁止・最高速度のような規制標示と横断歩道・停止線・進行方向のような指示標示の 2 種類がある.

5・5 防護設備

(1) 防護柵

道路の屈曲部,断崖その他交通上危険な箇所のみならず,道路の両側・車道と歩道との間,その他必要に応じて防護柵を設ける.形式は,ガードレール・ガードケーブル・オートガード・ガードパイプなどが多く用いられているが,コンクリート柱・コンクリートパラペット・金網防護柵・石造防護柵,さらに

いわゆる駒止石なども用いられることがある．

柵の高さは 60 cm ぐらいがもっとも多いが，材料・構造によってはそれより高いものまた低いものもある．夜間の事故防止のために柱その他適当な箇所に反射ボタンをつける，夜光塗料をぬる，などの配慮が必要である．なお，環境と調和して美観を害しないこと，欲をいえばそれがあるためにさらに美観を増進させるものであることが望ましい．

(2) 防雪柵・防雪林・雪覆工等

積雪地方で飛雪・崩雪などのおそれがある所では，防雪柵・防雪林あるいは雪覆工を考えなければならない．防雪柵は斜面に直角に設けて崩雪の落下を防止する柵で，簡単に杭で代用させることもある．防雪林は斜面に植林することによって崩雪を防止するものである．また，雪覆工は道路上を覆って直接崩雪を受け止めるもので一般に半トンネル式のものが多い．以上述べたような設備で雪の害を防止できないときには迂回道路あるいはトンネルを造ることが必要になってくる．

(3) 防砂柵・落石防止柵・波返し等

飛砂や落石に対してはそれぞれ防砂柵・落石防止柵を設ける必要がある．また，海岸・湖岸などの道路で波浪によって交通上障害を受け，道路に損傷を生ずるおそれのある箇所では，護岸または胸壁に波返しを設ける．

(4) 視線誘導標 (Delineator)

車道の境界線を運転者にはっきり知らせるために立てるもので，とくに夜間認めることができるようにすることが大切である．

(5) 横断歩道橋・横断地下道

交通量が多くなると歩行者の横断が困難になり，また歩行者の横断に伴う事故が増大する．これに対して横断歩道橋あるいは横断地下道を設置して，事故防止と自動車交通の円滑化を図ることが行われている．しかし身障者・老人などの利用に関して問題が多く，その設置に際しては十分な検討が必要である．

5・6　道路景観の整備

道路は都市の美観にとって重要な役割を果たしており，また山・海・川などの自然環境と調和することによって美しい景観を形成している．このようなこ

とから道路景観の整備に力が入れられるようになってきた．

　道路景観には，道路利用者から眺める内部景観と，周辺から見る外部景観とがあるが，そのことを念頭に景観設計に際しては次のようなことに配慮する．

　　ⅰ）自然環境の保全と創造　　動植物などの自然環境の保全と植生の復元・緑化に努める．

　　ⅱ）構造物などと環境との調和　　橋・トンネルなどの構造物あるいは各種の道路付属施設の形・色などを周囲の環境と調和させる．

　　ⅲ）連続性の確保と重圧感の排除　　景観が突然途切れたり，重々しい感じをもたせたりすることのないようにする．

　　ⅳ）構造物・付属施設の景観設計　　橋や照明器具その他の構造物・付属施設の形・色などの設計を景観に留意して行う．

問　題

5・1　現在住んでいる都市の街路樹について，その種類，分布状況，植え方などについて調査せよ．

5・2　現在住んでいる都市において適当な路線を選び，その路線上にある道路標識についてどんな種類のものがあるかを調査せよ．また，標識の不足な箇所，位置の適当でない箇所があれば，それを指摘せよ．

5・3　旅行の機会をとらえて，防護柵につき，その材料・構造あるいはそれが適当であるかどうかなどについて調査検討せよ．

第 6 章
地盤および盛土・切土

6・1 まえがき

　道路を設計し施工するのに必要なことは，路面下の各部分が交通荷重によって生ずる応力に耐えることができると共に，その応力をなるべく広く分布させて下部へ伝えることができるようにすることである．地盤に対する置換，バーチカルドレーンのような工法，盛土や路床土を選択し，これを締め固めるなど，すべてこの目的を達するためのものである．

　本章では，まず土について，ついで土質調査・地盤・盛土・切土などについて，とくに道路に関連あることを説明する．

6・2 土の性質

(1) 土の間隙・含水量・密度などの間の関係

　われわれの取り扱う土は，通常固体である土粒子と液体である水と，空気および水蒸気すなわち気体とから成り立っている．これらのもののうち土粒子がその骨組みとなり，その間隙を水と気体が満たしている．いまその状態を模型的に示すと図 6・1 のようになる．

　体積 V の土において，土粒子・水・気体の占める体積をそれぞれ V_s，V_w，V_a とする．間隙の体積 (V_v) は水および気体の占める体積の和 ($V_w + V_a$) である．間隙の状態を表すには次の式で定義される間隙比 (Void ratio) あるいは間隙率 (Porosity) を用いている．

$$\text{間隙比}\quad e = \frac{V_v}{V_s} \tag{6・1}$$

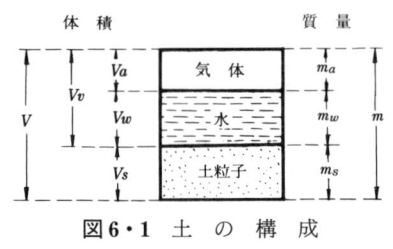

図6・1 土 の 構 成

間隙率 $\quad n = \dfrac{V_v}{V} \times 100 \quad (\%)$ (6・2)

　土の中に含まれている水の量を示すには，通常含水比(Water content)を使用している．図6・1において土の全質量をmとし，そのうちの土粒子の質量をm_s，水の質量をm_w，気体の質量をm_aとする．気体の質量は無視できるので$m = m_s + m_w$と考えてよい．含水比は次の式で定義される．

含水比 $\quad w = \dfrac{m_w}{m_s} \times 100 \quad (\%)$ (6・3)

　単位体積当りの土の質量を密度という．水を含んだままの土の密度を湿潤密度(Bulk density, Wet density)といい，次の式で表される．

湿潤密度 $\quad \rho_t = \dfrac{m}{V}$ (6・4)

　また，単位体積の土の中に含まれる土粒子の質量，すなわち単位体積の土を乾かした場合の質量を乾燥密度(Dry density)といい，次の式で表すことができる．

乾燥密度 $\quad \rho_d = \dfrac{m_s}{V}$ (6・5)

乾燥密度と湿潤密度との関係は

$$\rho_d = \dfrac{\rho_t}{1 + \dfrac{w}{100}} = \dfrac{\rho_w G_s}{1 + e} \tag{6・6}$$

ただし　$\rho_w = $ 水の密度
　　　　$G_s = $ 土粒子の比重

この式より間隙比eの計算に役立つ次の式が得られる．

$$e = \dfrac{\rho_w}{\rho_d} G_s - 1 \tag{6・7}$$

土の間隙はすでに述べたように水と気体とから成り立っている．この間隙を

水が満たしている割合を飽和度(Degree of saturation)といい，次の式で与えられる．

$$飽和度 \quad S_r = \frac{V_w}{V_v} \times 100 \quad (\%) \tag{6・8}$$

この飽和度 S_r は次の式によって計算することができる．

$$S_r = \frac{V_w}{V_v} \times 100 = \frac{w\rho_s}{\rho_w e} = \frac{wG_s}{e} \tag{6・9}$$

(2) 土の粒度およびそれによる分類

土の性質はその含む土粒子の大きさと混合割合に密接な関係があり，したがって土粒子の大きさの分布状態すなわち粒度を知ることは重要である．粒度の測定は，通常その粒径が眼に見える程度までのもの(0.075mmより大きいもの)はふるいにより，それより細かいものに対しては土粒子の水中を沈降する速度が粒径によって異なることを利用して行っている．

わが国で用いているふるいは，75mm，53mm，37.5mm，26.5mm，19mm，9.5mm，4.75mm，2mm，0.85mm，0.425mm，0.250mm，0.106mm，0.075mmの13種で，また0.075mmのふるいを通過する土粒子に対しては浮ひょう(Hydrometer)を使用して，その量を測定している．

測定して得た結果は，通常粒径加積曲線(Grain size accumulation curve)で示している．この曲線は後にその実例が出てくるが，横軸には粒径を対数目盛で示したもの，縦軸にはある粒径より細かいものの量すなわちふるいの場合には通過量を%で表したものをとっている．表6・1は，土粒子の粒径区分と呼び名を示したものである．

表6・1 土粒子の粒径区分と呼び名(地盤工学会)

粒径 (mm)									
0.005	0.075	0.25	0.85	2	4.75	19	75		300
粘土	シルト	細砂	中砂	粗砂	細礫	中礫	粗礫	粗石(コブル)	巨石(ボルダー)
		砂			礫			石	
細粒分		粗粒分						石分	

(3) コンシステンシー限界

水をたくさん含んでいる細粒土は液体のように流動性を示す．この土の水分

を減らしてゆくと，いままで流動性を帯びていた土はしだいに粘性を帯びてきて塑性を呈し，さらに水分を取り去ると半固体を経て遂に固体となる．このように変化する状態の境目を示すものが液性限界・塑性限界・収縮限界であり，これらを総称してコンシステンシー限界という．液性限界 (Liquid Limit：L. L.) は土が液状から塑性状態に移る境界，塑性限界 (Plastic Limit：P. L.) は塑性状態と半固体状態との境界，収縮限界 (Shrinkage Limit：S. L.) は半固体状態と固体状態との境界で，いずれもそのときの土の含水比 (%) で示している．また土の液性限界と塑性限界との差を塑性指数 (Plastic Index：P. I.) といい，これによって土が塑性を示す範囲の大小が判断できる．すなわち

塑性指数　$I_p = w_l - w_p$

ただし　$w_l =$ 液性限界

$w_p =$ 塑性限界

液性・塑性・収縮諸限界を求める試験方法に関しては，1911年スウェーデンのアッターベルグ (Atterberg) が最初に提案したので，コンシステンシー限界のことをアッターベルグ限界ともいう．

砂のように粘着性のない土は，液性を呈するものを乾燥した場合，塑性を示すこともまた固体状となることもなく，ばらばらになってしまう．このような土を非塑性 (Nonplasticity：N. P.) であるという．

6・3　道路用の土の分類

主として道路を対象とした土の分類で，現在使用されている代表的なものは次の二つである．

　ⅰ) AASHTO 分類法 (改訂 BPR 法)，　ⅱ) 統一分類法

これらについて順次述べてみよう．

(1)　AASHTO 分類法(改訂 BPR 法)

この分類法は初め米国の道路局 (Bureau of Public Roads Administration) によって採用され，BPR 法の分類として知られている．その後，現場における土の状況が考慮されて改訂が加えられ，AASHTO においても採用された．現在，AASHTO 分類法あるいは改訂 BPR 法と呼ばれているものがそれである．

この方法は，まず土を A-1，2，3，…，7の7群に大きく区分し，この7

6・3 道路用の土の分類　**109**

表 6・2　AASHTO の分類（改訂 BPR 法の分類）

大　分　類	粗　粒　土 (No.200 ふるい通過量 35％以下)								シルト，粘土質土 (No.200 ふるい通過量 35％以上)			
群　分　類	A-1		A-3	A-2				A-4	A-5	A-6	A-7	
	A-1-a	A-1-b		A-2-4	A-2-5	A-2-6	A-2-7					A-7-5 A-7-6
ふるい分析（通過量％）												
No.10 (2,000μ)	50 以下	—	—	—	—	—	—	—	—	—	—	
No.40 (425μ)	30 以下	50 以下	51 以上	—	—	—	—	—	—	—	—	
No.200 (75μ)	15 以下	25 以下	10 以下	35 以下	35 以下	35 以下	35 以下	36 以上	36 以上	36 以上	36 以上	
No.40 ふるい通過分の性質												
液 性 界 限	—		N.P.	40 以下	41 以上	40 以下	41 以上	40 以下	41 以上	40 以下	41 以上	
塑 性 指 数	6 以下			10 以下	10 以上	11 以上	11 以上	10 以下	10 以下	11 以上	11 以上	
群　指　数	0		0	0			4 以下	8 以下	12 以下	16 以下	20 以下	
ふつうの主要構成物	石片，礫，砂		細砂	シルト質または粘土質の礫および砂				シルト質土		粘土質土		
路床土としての良否	優～良							可～不良				

（注）（A-7-5 の P.I.）≦L.L.-30，（A-7-6 の P.I.）＞L.L.-30

群のうちのあるものをさらに細かく分けて，結局表6・2のように合計12群としている．

このAASHTO分類法の分類は表6・2よりわかるように，粒度・液性限界・塑性指数および群指数（Group Index：G. I.）に基づいて行われている．群指数は，実際の道路について調査研究した結果に基づき考えられたもので，次の式（6・10）によって与えられるものである．

$$\text{G.I.} = 0.2a + 0.005ac + 0.01bd \qquad (6 \cdot 10)$$

ただし　a = No.200 ふるい（75μ）を通過する土粒子の質量（％）の 35 以上 75 までの値，0～40 の正の整数で表す．
　　　　b = No.200 ふるい（75μ）を通過する土粒子の質量（％）の 15 以上 55 までの値，0～40 の正の整数で表す．
　　　　c = 液性限界の 40 以上 60 までの値，0～20 の正の整数で表す．
　　　　d = 塑性指数の 10 以上 30 までの値，0～20 の正の整数で表す．

路床土の支持力は群指数が小さいものほど大きいと考えてよい．すなわち群指数 0 ということは路床土が良好なことを示し，最大値 20 を示す路床土はきわめて不良であることを示しているわけである．また，シルト質という言葉は塑性指数が 10 以下の細粒土に対して，粘土質という言葉は塑性指数が 11 以上の細粒土に対して用いる．

（2）　**統一分類法** (Unified Soil Classification System)

この分類法は最初は飛行場を対象にしたので AC 法（Airfield Classification System の分類）の名前が残っているが，現在では飛行場だけでなく道路その他の分野にも広く使用されている．統一分類法の名前は，1952 年米国の開拓局と陸軍技術部とが，この分類法を統一して採用したために生じたものである．

この統一分類法を日本の実情に合うように修正・作成した（1973 年）ものが日本統一土質分類法である．その後，何度か修正・改正されて現在に至っている．表6・3に日本統一土質分類を，図6・2に細粒土を分類するときに用いる塑性図 (Plasticity chart) をそれぞれ示している．この分類法においては，表6・3に示すように土の種類を一つあるいは二つまたは三つの文字を組み合わせて表している．これらの文字の意味は表6・4のとおりである．

6・3 道路用の土の分類　**111**

表6・3 日本統一土質分類（地盤工学会，土質試験の方法と解説引用）（その1）

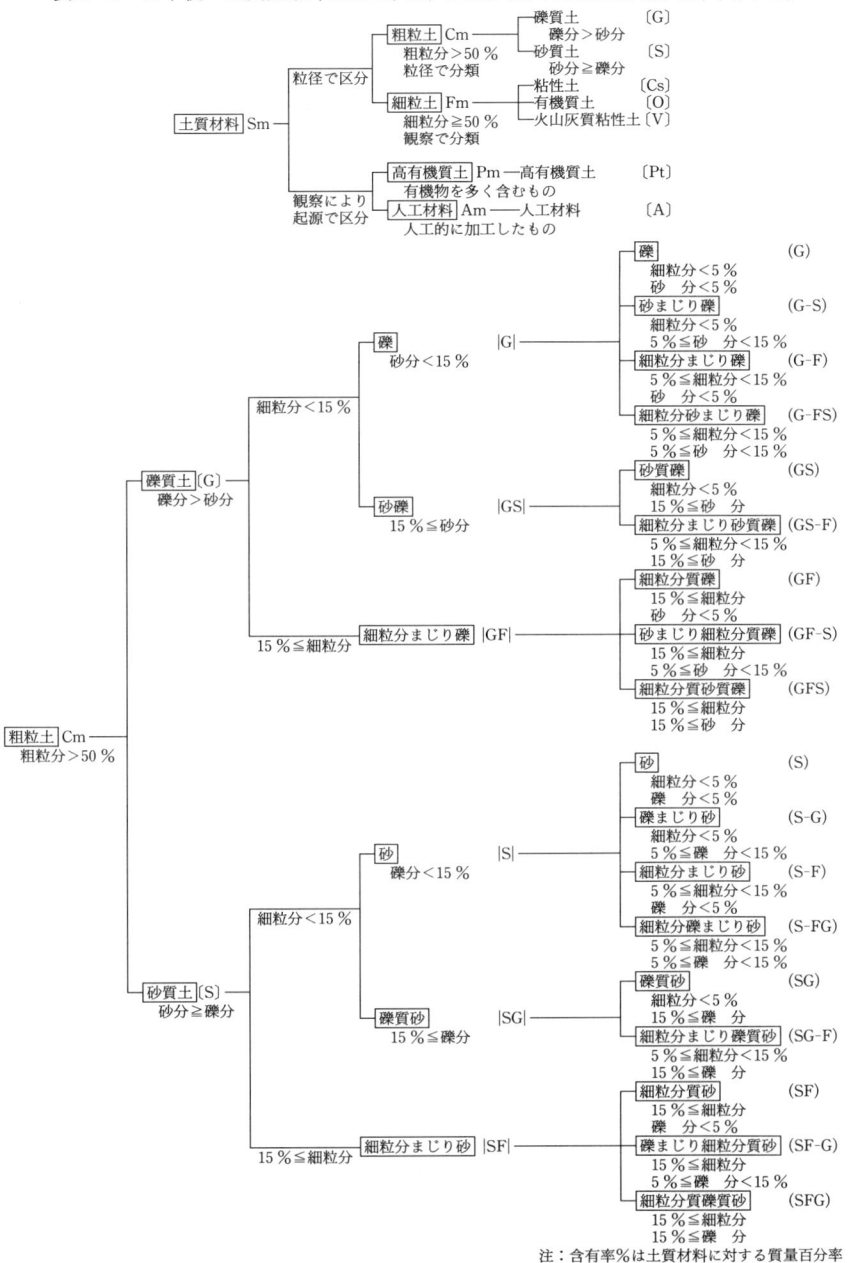

```
土質材料 Sm ─┬─ 粒径で区分 ─┬─ 粗粒土 Cm ─┬─ 礫質土        〔G〕
            │              │  粗粒分>50%  │   礫分>砂分
            │              │  粒径で分類  └─ 砂質土        〔S〕
            │              │                  砂分≧礫分
            │              └─ 細粒土 Fm ─┬─ 粘性土        〔Cs〕
            │                 細粒分≧50% ├─ 有機質土      〔O〕
            │                 観察で分類  └─ 火山灰質粘性土〔V〕
            │
            └─ 観察により ─┬─ 高有機土 Pm ── 高有機質土    〔Pt〕
               起源で区分  │   有機物を多く含むもの
                          └─ 人工材料 Am ── 人工材料       〔A〕
                              人工的に加工したもの
```

粗粒土 Cm
粗粒分>50%

礫質土〔G〕 礫分>砂分

- 細粒分<15%
  - 礫　砂分<15%　|G|
    - 礫　細粒分<5%　砂分<5%　(G)
    - 砂まじり礫　細粒分<5%　5%≦砂分<15%　(G-S)
    - 細粒分まじり礫　5%≦細粒分<15%　砂分<5%　(G-F)
    - 細粒分砂まじり礫　5%≦細粒分<15%　5%≦砂分<15%　(G-FS)
  - 砂礫　15%≦砂分　|GS|
    - 砂質礫　細粒分<5%　15%≦砂分　(GS)
    - 細粒分まじり砂質礫　5%≦細粒分<15%　15%≦砂分　(GS-F)
- 15%≦細粒分
  - 細粒分まじり礫　|GF|
    - 細粒分質礫　15%≦細粒分　砂分<5%　(GF)
    - 砂まじり細粒分質礫　15%≦細粒分　5%≦砂分<15%　(GF-S)
    - 細粒分質砂質礫　15%≦細粒分　15%≦砂分　(GFS)

砂質土〔S〕 砂分≧礫分

- 細粒分<15%
  - 砂　礫分<15%　|S|
    - 砂　細粒分<5%　礫分<5%　(S)
    - 礫まじり砂　細粒分<5%　5%≦礫分<15%　(S-G)
    - 細粒分まじり砂　5%≦細粒分<15%　礫分<5%　(S-F)
    - 細粒分礫まじり砂　5%≦細粒分<15%　5%≦礫分<15%　(S-FG)
  - 礫質砂　15%≦礫分　|SG|
    - 礫質砂　細粒分<5%　15%≦礫分　(SG)
    - 細粒分まじり礫質砂　5%≦細粒分<15%　15%≦礫分　(SG-F)
- 15%≦細粒分
  - 細粒分まじり砂　|SF|
    - 細粒分質砂　15%≦細粒分　礫分<5%　(SF)
    - 礫まじり細粒分質砂　15%≦細粒分　5%≦礫分<15%　(SF-G)
    - 細粒分質礫質砂　15%≦細粒分　15%≦礫分　(SFG)

注：含有率%は土質材料に対する質量百分率

第6章 地盤および盛土・切土

表6・3 日本統一土質分類（地盤工学会，土質試験の方法と解説引用）（その2）

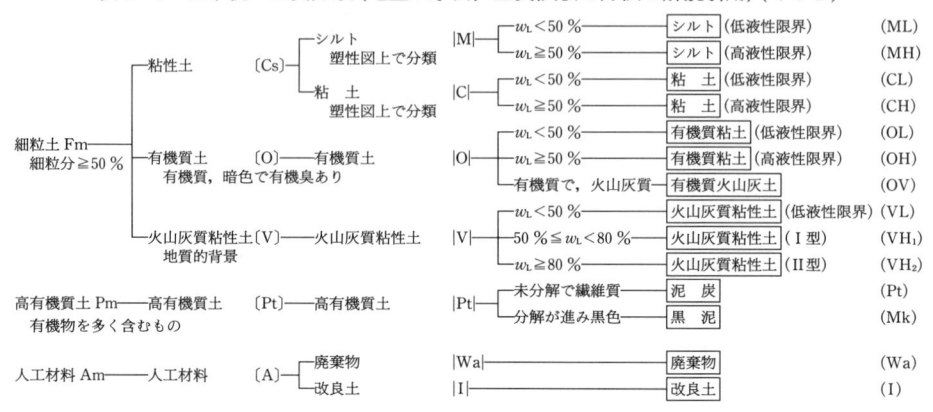

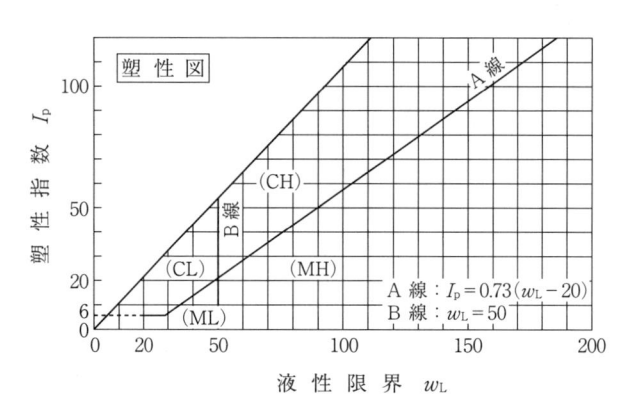

大分類		中分類		小分類		記号
細粒土 Fm 細粒分 ≧ 50%	粘性土	[Cs]	シルト 塑性図上で分類	|M|	$w_L < 50\%$ → シルト（低液性限界）	(ML)
					$w_L \geqq 50\%$ → シルト（高液性限界）	(MH)
			粘 土 塑性図上で分類	|C|	$w_L < 50\%$ → 粘 土（低液性限界）	(CL)
					$w_L \geqq 50\%$ → 粘 土（高液性限界）	(CH)
	有機質土 有機質，暗色で有機臭あり	[O]	有機質土	|O|	$w_L < 50\%$ → 有機質粘土（低液性限界）	(OL)
					$w_L \geqq 50\%$ → 有機質粘土（高液性限界）	(OH)
					有機質で，火山灰質 → 有機質火山灰土	(OV)
	火山灰質粘性土 [V] 地質的背景		火山灰質粘性土	|V|	$w_L < 50\%$ → 火山灰質粘性土（低液性限界）	(VL)
					$50\% \leqq w_L < 80\%$ → 火山灰質粘性土（I型）	(VH$_1$)
					$w_L \geqq 80\%$ → 火山灰質粘性土（II型）	(VH$_2$)
高有機質土 Pm 有機物を多く含むもの	高有機質土	[Pt]	高有機質土	|Pt|	未分解で繊維質 → 泥 炭	(Pt)
					分解が進み黒色 → 黒 泥	(Mk)
人工材料 Am	人工材料	[A]	廃棄物	|Wa|	廃棄物	(Wa)
			改良土	|I|	改良土	(I)

図6・2 塑 性 図

塑性図 A線：$I_p = 0.73(w_L - 20)$
B線：$w_L = 50$

6・3 道路用の土の分類   *113*

表6・4 分類記号の意味

区分	記号	意味
地盤材料区分	Gm	地盤材料 (Geomaterial)
	Rm	岩石質材料 (Rock material)
	Sm	土質材料 (Soil material)
	Cm	粗粒土 (Coarse-grained material)
	Fm	細粒土 (Fine-grained material)
	Pm	高有機質土 (Highly organic material)
	Am	人工材料 (Artificial material)
主記号	R	石 (Rock)
	R_1	巨石 (Boulder)
	R_2	粗石 (Cobble)
	G	礫粒土 (G-soil または Gravel)
	S	砂粒土 (S-soil または Sand)
	F	細粒土 (Fine soil)
	Cs	粘性土 (Cohesive soil)
	M	シルト (Mo:スウェーデン語のシルト)
	C	粘土 (Clay)
	O	有機質土 (Organic soil)
	V	火山灰質粘性土 (Volcanic cohesive soil)
	Pt	高有機質土 (Highly organic soil) または泥炭 (Peat)
	Mk	黒泥 (Muck)
	Wa	廃棄物 (Wastes)
	I	改良土 (I-soil または Improved soil)
副記号	W	粒径幅の広い (Well graded)
	P	分級された (Poorly graded)
	L	低液性限界 ($w_L < 50\%$) (Low liquid limit)
	H	高液性限界 ($w_L \geqq 50\%$) (High liquid limit)
	H_1	火山灰質粘性土のI型 ($w_L < 80\%$)
	H_2	火山灰質粘性土のII型 ($w_L \geqq 80\%$)
補助記号	◯◯	観察などによる分類 (＊◯◯と表示してもよい)
	◯◯	自然堆積ではなく盛土,埋立などによる土や地盤 (♯◯◯と表示してもよい)

6・4　道路の土質調査

　道路の路線選定・設計・施工などにあたって土質調査はきわめて大切で，わが国においては日本道路協会発行の「道路土工要綱」あるいは「道路土工…土質調査指針」によってその基準が与えられている．

　土質調査に際しては地形・地質の調査も同時に行い，通常現地踏査を含めての予備調査，ついで本調査の順序で行われる．

(1) 予　備　調　査

　路線選定・概略設計・予備設計などの調査段階での検討に必要な資料を得るための調査である．そのためにまず，対象区域全体にわたって次のような資料の収集・検討を行う．

　　地形図，地質図，空中写真，周辺の他の工事の土質・地質調査報告書および工事記録，災害記録，気象記録など

　ついで計画路線を含んで広範囲に踏査し，地形・地質・土質の概要をつかむようにする．踏査にあたってはいままでに得た資料をはじめ必要に応じて，ハンマ・クリノメータ・ハンドショベル・つるはし・巻尺・ハンドレベル・カメラ・試料袋およびラベル・方眼紙・野帳などを携行する．

　現地においては，地質や土質の状況を切土のり面・土取場・石切場・山腹の崩壊面などの露頭あるいは平地部の表層などから，また地下水の状況を井戸や湿地帯などから知るように努める．

　断層・破砕地域，崩壊多発地域，地すべり地域，軟弱地盤あるいは大規模な切土・橋梁架設の予定箇所，工事によって地下水の枯渇のおそれのある箇所などについてはとくに入念な調査が必要であり，ときによっては物理探査・サウンディング・ボーリングなどを実施することが望ましい．

(2) 本　　調　　査

　本調査は，詳細設計に先立って行う調査で，路線全域にわたって実施する．路線全体の土質・地質の状況を調査し，道路建設上問題になる箇所の土質・地質について明らかにすることをめざすものである．

　調査にあたっては，まず適当な間隔でサウンディング，ボーリング，さらにサンプリングによって試料を採取し，その試料について土質・岩石試験を行い，土質・地質状況を総括的に把握する．土質試験としては，土の判別・分類のた

めの試験（含水量・土粒子の密度・粒度・液性限界・塑性限界等）と土の力学的性質を求めるための試験（締固め・CBR・透水・圧密・せん断・一軸圧縮等）のうち所要のものを行う．以上の調査に基づいて道路の詳細設計を進めていく過程において，地形・地質・土質条件の複雑な箇所，大規模あるいは複雑な構造になる箇所などについては，さらに重点的に調査を行い，道路構造の変更の資料とする．

本調査におけるボーリングの深度は，通常の地盤で5m，切土部では路面下2m程度で，その他状況に応じて深所まで行う．また，N値4以下の粘土質の地盤は軟弱地盤として，N値10〜15以下の砂質地盤は地震時の液状化を考慮して調査する必要がある．

6・5 地盤の改良

普通の土質の地盤ならば，道路において通常使用するぐらいの盛土に対して破壊したり，路面に悪影響を及ぼすような沈下を起こしたりすることはない．しかし，軟弱地盤上に盛土する場合には危険で，わずか2〜3m盛土しただけですべり出し，道路自体だけでなく，沿道地域に対してまで被害が及ぶことがある．ここではこの軟弱地盤を対象に，その改良について述べてみる．

軟弱地盤上に道路を築造した場合のすべり破壊・圧密沈下の状況を把握し，対策を講ずるためには，サウンディングやボーリング，採取した試料についての土質試験などが必要である．これによって安定・沈下の計算や対策工法の検討に必要な軟弱層の厚さや広がり，土層構成，各土層の工学的性質を知ることができる．

軟弱地盤対策としては，すべり破壊等に対する安定対策，沈下に対する対策，それに特別な場合として地震時対策がある．

安定対策は，盛土荷重の軽減・地盤強度の増加・押さえ盛土等による変形の抑制などの効果をめざすものである．沈下対策は全沈下量の減少・圧密沈下の促進などの効果を，また地震時対策は液状化の防止効果を図るものである．以上の各対策を具体化した工法には次のように多くのものがある．

（1） バーチカルドレーン(Vertical drain)工法

地盤中に適当な間隔で鉛直方向に砂柱あるいはカードボードを設置し，圧密

沈下を促進するとともに強度増加を図るものである．砂柱を使ったものをサンドドレーン工法，カードボードを使ったものをカードボードドレーン工法，プラスチック材を使ったものをプラスチックドレーン工法という．

（2） サンドコンパクションパイル(Sand compaction pile)工法

地盤に締め固めた砂杭を造り，軟弱地盤を締め固めるとともに，支持力の強化を図る．

（3） 表層処理工法

地盤の表面にジオテキスタイル高分子材料の布・鉄網などを敷き広げたり，表面の土をセメントや石灰で処理して強化する．また，排水溝を設けて排水したり，サンドマットを設けてバーチカルドレーン工法と併用して圧密排水の役割を果たさせることもある．

（4） 置換工法

軟弱層の一部または全部を良質の材料と置き換える工法である．

（5） 載荷重工法

地盤にあらかじめ荷重をかけて沈下を促進し，地盤を強化する工法である．荷重としては，盛土を使うことが多いが，水・大気圧あるいはウエルポイントで地下水位を低下させることによって増加する有効応力を利用することもある．

（6） 緩速載荷工法

盛土の施工をゆっくり時間をかけて行う．こうすることによって圧密による強度増加が期待できる．

（7） 押さえ盛土工法

盛土の側方に押さえ盛土をしたり，のり面の勾配をゆるやかにしたりして，すべりに対する抵抗モーメントを大きくする．

（8） 荷重軽減工法

盛土の本体の重量を軽減する工法である．盛土材として発泡スチロール・発泡モルタル・軽石・水砕スラグ・石炭灰などを使用したり，盛土内にコルゲートパイプ・カルバートのような中空構造物を設ける．

（9） 振動締固め工法

地盤中に棒状の振動機を入れ，振動させて締め固めるもので，とくに砂質地盤の締固めに有効である．

(10) 盛土補強工法

盛土中に鋼製ネット・アンカー鉄筋・ジオテキスタイルなどを入れて補強するものである．

(11) 固結工法

セメント・石灰などの安定材と原地盤の土とを混合して地盤を強化する工法，地盤中に生石灰の柱を造り，その吸水と化学作用によって地盤を強化する工法などがある．その他，薬液注入・凍結などの工法も使用されることがある．

(12) 構造物による工法

矢板・杭などを使って地盤を強化する工法，盛土の代わりにカルバート・コルゲートパイプなどを使う工法もある．

以上の各工法を単独に使用することもあるが，たとえば前述のようにバーチカルドレーン工法と表面処理工法（サンドマット工法），あるいは載荷重工法と押さえ盛土工法というように併用することも多い．

6・6 盛土の締固め

盛土においては，その土質，締固めなどが問題になるが，ここではまず土質，ついで締固めについて述べることにする．

(1) 盛土用の土

盛土用として望ましい土は，施工が容易で，せん断強度が大きく，圧縮性が小さいものである．AASHTO の分類による A-1，A-2-4，A-2-5，A-3 などのものがよい．好ましくない土も使用してはいけないというのではなく，できるならば使用しない方がよいというのである．

とくに盛土材料として不適当なものは，ベントナイト・温泉余土・酸性白土・有機質土のような吸水性の著しい土，凍土や氷雪・植物の残がいなどを含んでいる土などである．自然含水量が液性限界より高い土も盛土材料としては好ましくない．また，岩塊・玉石・破砕岩などを含んでいると，施工が困難であるが，盛土としてできあがった場合は安定性が高い．

(2) 締固めに対する土の性質

土を締め固めるには重いものを載せる，すなわち，静的な力を加えて行うばかりでなく，衝撃力によったり，振動力を使ったりする．しかし，どんな場合

においても，その土の含有している水量が，締固めに大きな影響を及ぼしている．土の締固めの程度を表すには，通常乾燥密度を用いており，この乾燥密度が大きくなれば土の強度は増大し，透水性は小さくなる．

土の乾燥密度は，締固めに一定の方法を用いた場合には，その土の含水比に応じて図 6・3 のように変化し，ある含水比において最大乾燥密度 (Maximum dry density) となる．この最大乾燥密度を生ずる含水比を最適含水比 (Optimum moisture content, O. M. C.) という．

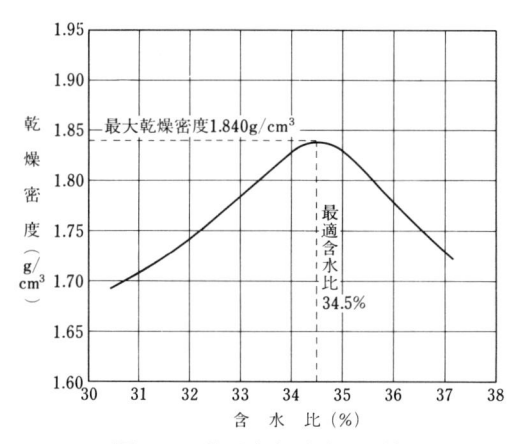

図 6・3 乾燥密度-含水比曲線

最適含水比および最大乾燥密度を求める標準の方法として，JIS A 1210 が決められている．

突固めによって得られる乾燥密度は，いろいろな条件によって異なるが，次の式 (6・11) によって与えられる締固め仕事量と関係が深いようである．すなわち締固め仕事量が等しいときには，得られる乾燥密度もだいたい等しい．

$$締固め仕事量 = \frac{(ランマの重量) \times (突固め回数) \times (落下高) \times (層数)}{(土の体積)}$$

$$(kN/m^3) \quad (6・11)$$

この式の分子のランマの重量，突固め回数，ランマの落下高，突固め層数など，いずれを増加させても最適含水比は減少し，最大乾燥密度は増加する．すなわち一般に締固め仕事量の増大と共に最適含水比の減少，最大乾燥密度の増

加がみられる．

また，土の種類に応じて締固め試験の結果には大きな差異が現れる．図6・4はその一例である．この例からわかるように，通常土粒子が細かくなるにしたがって最適含水比は大きくなり，最大乾燥密度は減少する．

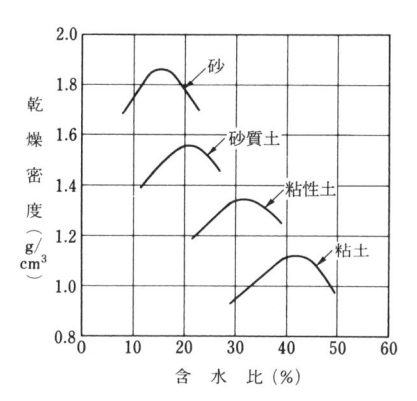

図6・4 土の種類と締固め試験の結果との関係

(3) 締 固 め 方 法

土を締め固める目的は次のとおりである．

ⅰ) 土の間隙を少なくし，透水性を低下させて，水の浸入による軟化・膨張を小さくし，土を安定な状態にする．

ⅱ) 盛土ののり面を安定させ，交通荷重に対する支持力を大きくする．

ⅲ) 完成後の路面に悪影響を及ぼす盛土・路床土の圧縮沈下を少なくする．

締固めにはいろいろな方法があるが，道路の盛土・路床土の締固めに使われるものには，次のようなものがある．

ⅰ) 交通締め (Traffic-bound)，　ⅱ) ロードローラ (Road roller)，　ⅲ) トラクタ (Tractor)，　ⅳ) ブルドーザ (Bulldozer)，　ⅴ) タンピングローラ (Tamping roller)，　ⅵ) 空気タイヤローラ (Pneumatic-tire roller)，　ⅶ) 振動ローラ (Vibrating roller)，　ⅷ) 振動コンパクタ (Vibrating compactor)，　ⅸ) タンパ (Tamper)

土を締め固めるには，圧力・衝撃・振動などが利用される．たとえばロード

ローラや空気タイヤローラは圧力により，トラクタやブルドーザは圧力および振動によって締固めを行っている．タンピングローラは突き出した脚を有するもので，シープスフートローラ(Sheepsfoot roller)もその一種であり，圧力および衝撃を利用している．振動ローラおよび振動コンパクタは，主として振動によって締固めが行われ，またタンパの締固めは衝撃力によるものである．

　締固め機械などの関係で十分な締固めが行われないときには交通荷重を利用することがある．路面をある程度整備して交通車両が通ることができるようにしておいて，しばらく交通に開放したのち路面を舗装すると結果がよいようである．

　砕石・砂利・砂あるいはこれらのものを含んだ粘着性の少ない土に対しては，振動による締固め，たとえば振動ローラが有効である．いくらか粘着性のある土に対しては，振動ローラも使えるけれども，圧力を利用した空気タイヤローラ，圧力と振動とを併用したトラクタ・ブルドーザ，圧力と衝撃とを併用したタンピングローラなどが有効である．タンパはトラフィカビリティ(Trafficability)の関係で，他の機械が使えないときに使用する．

　軟弱地盤上の施工にあたっては建設機械のトラフィカビリティの確保が問題になる．すなわち機械のけん引力，土の支持力ともに十分あって運行可能でなければならない．トラフィカビリティの判定にはコーンペネトロメータ試験の結果がよく用いられる．最大断面積 $3.24\,\mathrm{cm}^2$・先端角度 $30°$ のコーンを，モールド内に規定の湿潤密度に締め固めた土中に $1\sim5\,\mathrm{cm}/秒$ の速度で貫入させて求めたコーン指数 (q_c) によって施工機械を選定するものである．

　1回に締め固める厚さ，すなわちまき出し厚は，いろいろな条件によって異なるけれども通常 $20\sim30\,\mathrm{cm}$ ぐらい，あまり厚くすると締固めが下部までとどかないおそれがある．

　土の含水量が締固めに大きな影響を与えることはすでに述べたとおりである．締固めにもっとも有効な含水量すなわち最適含水比は，締固め作業の与える仕事量によって異なるので，その点に留意して最適含水比を決めるための試験方法を現場の施工状況と一致させる必要がある．

　締固め回数と締固めによって得られる乾燥密度との間には，だいたい図6・5に示すような関係がある．得られる乾燥密度は，締固め機械の種類・大きさ，

土質，土の含水量，まき出し厚などによって異なるが，いずれの場合においても図6・5に示すように初めほど有効で，6～8回ぐらいで大部分の締固めは終わってしまう．したがってこれ以上締固め回数を増加してもあまり有効でなく，通常は10回前後，多くて15～20回ぐらいで止めてよい．粘着性の強い土あるいはシルト質の土などでは，締固め回数を増加させると支持力がなくなり，いわゆる膿むという現象を生ずるから，最小回数の締固めで止めることが必要である．

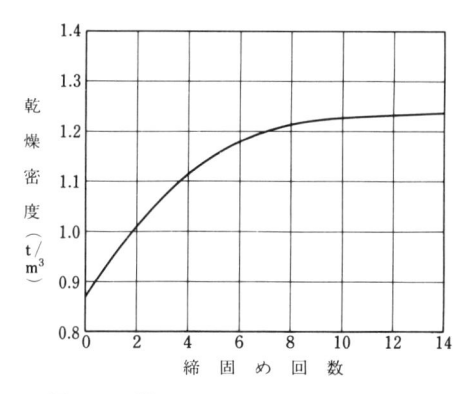

図6・5 締固め回数と乾燥密度との関係

（4） 締固め状況を判定する方法

締固めがどの程度行われているかを判定するには，乾燥密度を測定する方法がよく用いられている．あらかじめ JIS A 1210 による締固め試験を行っておいて，その土がどのくらい締まるかわかっておれば，測定した乾燥密度をこの締固め試験の結果と比較することによって，締固めの程度を判断することができる．現場において土の乾燥密度を測定する方法にはいろいろあり，わが国においては JIS A 1214 によってその方法を規定している．

この方法は，現場において穴を掘り，穴に入っていた土の質量を測定すると共に，この穴の体積を乾燥砂を落として，入った砂の量によって測定する．これらの測定値より土の湿潤密度が求まり，含水比を別に測定すれば乾燥密度が計算できる．そのほか穴の体積を測定するには，ビニール布などを用いて水で穴の体積を測定する方法もある．また，コアを切りとってその体積を計るコアカッタ法も用いられることがある．

以上のようにして測定した乾燥密度によって締固めが十分に行われているかどうかを判断するのであるが，これには前に述べたように JIS A 1210 による締固め試験の結果と比較すればよい．路体（路床の下の盛土部分）においては，締め固めた後の現場乾燥密度が，JIS A 1210 による最大乾燥密度の 90 ％以上になるように規定することが多い．路床においてはこの値が 90〜95 ％以上，または 85〜90 ％以上と規定するのが普通である．

締固めの程度を判定する方法としては，以上述べた乾燥密度による方法のほかに，湿潤密度による方法，空気間隙率あるいは飽和度による方法，平板載荷試験・各種の貫入試験等を使用する方法，さらに RI 計器による方法などを用いることもある．

6・7 盛土および切土ののり面

道路において盛土，切土ののり面崩壊はもっとも数多く起こる災害の一つである．その原因としては，盛土・切土ののり面自体の中にあるいわゆる素因と，外部からの作用に基因する誘因ともいえるものとがある．

素因としては，のり面に使っている土の種類や締固めの状況，のり面の勾配の大小，のり面保護の状況，排水の状況などが考えられる．これに対して誘因としては，雨や水，風，気温低下に基づく霜柱や凍土，あるいは草木の根の作用，地震，人為的な作用などが考えられよう．

素因とみなされるものは，設計および施工のときの注意によってある程度除くことのできるものであり，これを誘因と調和させて崩壊しないようにすることが，設計・施工の主眼であろう．

誘因のうちで，もっとも，しばしばのり面の破壊を起こしているものが雨水であり，のり面を強くたたきあるいは流下して土を浸食し，また内部へ入り込んで崩壊を起こしている．のり面に降る雨は仕方ないとしても，のり面上部の土地に降る雨の処理には十分に注意し，のり面を流下させたり，のり面背後に入れたりすることのないようにすることが大切である．また，のりの勾配やのり面保護ものり面崩壊と密接な関係があり，次にこれらについて述べてみたい．

（1） 盛土部の勾配

盛土の材料や高さに応じた勾配をとる必要がある．表 6・5 は道路土工要綱に

示されているものである．なお，高い盛土の場合には，のり肩から垂直距離で5～7m下がるごとに幅1～2mの小段を設けたり，また盛土下部ののり面勾配を順次ゆるやかにするなどして安定を図ることが望ましい．

表6·5 盛土ののり面勾配

盛 土 材 料	盛土高(m)	勾配(割)
粒度のよい砂(SW)，砂利および砂利まじり砂(GM，GC，GW，GP)	0～5	1.5～1.8
	5～15	1.8～2.0
粒度の悪い砂(SP)	0～10	1.8～2.0
岩塊(ずりを含む)	0～10	1.5～1.8
	10～20	1.8～2.0
砂質土(SM，SC)，かたい粘性土，かたい粘土(洪積層のかたい粘質土，粘土，関東ロームなど)	0～5	1.5～1.8
	5～10	1.8～2.0
やわらかい粘性土(VH_2)	0～5	1.8～2.0

(注) 基礎地盤の支持力が十分にあり，浸水の影響のない盛土に適用する．

（2） 切土部の勾配

切土部ののり面勾配も，地層の種類や状態あるいは切土高に応じた値をとらなければならない．表6·6は盛土の場合と同じく道路土工要綱に示されているものである．

盛土にしても切土にしても，高さが10mを超えるようなもの，あるいは土質が悪いもの，地下水位が高いものなどは特別な注意が必要で，安定計算をしてみることが望ましい．

（3） のり面の保護

盛土・切土ののり面は雨水による浸食を受け，また風化によって不安定になりがちである．この浸食・風化などを防止するためにのり面の保護は重要である．ののり面保護工には，植物による植生工と構造物による保護工がある．一般に工費・景観などから考えて植生工が望ましいが，気象・土質・勾配・湧水などの状態から考えて，やむをえないときには構造物による工法を採用する．

（a） 植生工 全面植生する場合，部分植生する場合，樹木を植栽する場合などがある．

ⅰ）全面植生 浸食防止と共に緑化を目的とする．張芝工，植生マット

表6・6 切土ののり面勾配

地山の土質		切土高(m)	勾配(割)
硬岩			0.3〜0.8
軟岩			0.5〜1.2
砂	密実でない粒度分布の悪いもの		1.5〜
砂質土	密実なもの	0〜5	0.8〜1.0
		5〜10	1.0〜1.2
	密実でないもの	0〜5	1.0〜1.2
		5〜10	1.2〜1.5
砂利または岩塊まじり砂質土	密実なもの,または粒度分布のよいもの	0〜10	0.8〜1.0
		10〜15	1.0〜1.2
	密実でないもの,または粒度分布の悪いもの	0〜10	1.0〜1.2
		10〜15	1.2〜1.5
粘性土(シルトを含む)		0〜10	0.8〜1.2
岩塊または玉石まじりの粘性土		0〜5	1.0〜1.2
		5〜10	1.2〜1.5

(注) 上記以外の土質は別途考慮する.

工,種子散布工・種子吹付工などの工法がある.張芝工や植生マット工は当初から植生しているが,種子散布工や種子吹付工は繁茂するまで乳剤・ネット・わらむしろなどで保護しておく必要がある.

　植物としては,芝のほか,ウィピング・ラブ・グラス,スムース・ブローム,レッド・トップのようなものがある.

　ⅱ) 部分植生　主として浸食防止をめざすものである.筋芝工,植生穴工,植生袋工などが用いられる.筋芝工はのり面に切芝を筋状に敷き込んだものである.植生穴工は不良土あるいは固い土に穴あるいは溝を掘って種子・肥料などと土を混合したものを入れる工法である.植生袋工は種子・肥料などを袋詰めした植生袋を埋め込むものである.

　ⅲ) 樹木植栽　周辺環境や景観との調和を考えて樹木植栽工を使用することがある.ハギ・ヤナギ・マツ・ネム・アカシヤ・ハンノキなどが植えられている.

　(b) 構造物による工法　目的・特徴に応じていろいろなものがあるが,そ

のうちの主なものをあげてみる．

　ⅰ）風化・浸食防止　モルタル吹付工・コンクリート吹付工・石張工・ブロック張工・プレキャスト枠工など

　ⅱ）表層部の崩落防止（多少の土圧を受けることがある）　コンクリート張工・吹付枠工・現場コンクリート枠工・アンカー工・落石防止網工など

　ⅲ）表層部の流失防止　編柵工（あみしがらみこう）・じゃかご工など

　ⅳ）土圧に対抗する抑止工　ブロック積擁壁工・石積擁壁工・井桁組擁壁工・コンクリート擁壁工・ふとんかご工・くい工など

　また，水に対する処置がたいせつで，のり面の上部の肩に沿った排水溝，あるいはのり面の下部の排水溝，のり面に沿った縦排水溝，場合によってはのり面内に地下排水溝を設けることも必要である．

問　題

6・1　盛土の締固めの程度を調べるために，地表面に穴を掘り，その穴の体積およびその穴より掘り出した土の質量を測定したところ次の値を得た．

　　　　穴の体積　893 cm³，　土の質量　1,736 g

　　また含水比を測定したところ 28.2％であった．乾燥密度を求めよ．

6・2　道路用の土を分類するのに必要な土質試験にはどんなものがあるか．またその方法について調べよ．

6・3　下表の土質試験の結果に基づいて，これらの土の群指数を求め，さらに AASH-TO 分類法によって分類せよ．

土の番号	ふるいの通過量（％）			L.L.	P.I.
	2.0 mm	0.425 mm	0.075 mm		
No. 1	100	96	77	49	18
No. 2	95	83	56	63	31
No. 3	82	49	32	42	12
No. 4	65	51	37	38	8
No. 5	59	32	26	25	3

第7章
排水および浸食・凍上

7・1 まえがき

　土中の含水量が増加すれば一般に土の強度は減少し，支持力は低下する．また，寒冷な地方においては凍上 (Frost heave) を起こし，路面を破壊してしまう．したがって路面下の含水量を低くすることは，道路にとってきわめて重要なことである．路面下の土の含水量を低く保つために考えられることは，そこに水を入れないこと，そこに入った水あるいは存在する水を排除することである．

　路面下に水を入れないようにするためには地表で速やかに水を排除する必要があり，これを表面排水 (Surface drainage) という．とくに路面を強調するときには路面排水という．路面上の水は交通を阻害するので，路面排水はこの点からも必要なことである．

　表面より地下に入った水を排除し，あるいは現在ある地下水，または地下の透水層を通って他より路面下に浸入して来る水などを排除することを地下排水 (Under-ground drainage) という．

　のり面を流下する水によってのり面が浸食を受け，崩壊に至ることも多い．また，建設機械のトラフィカビリティの確保や土の含水量の調節の面からも排水に対する配慮が必要である．

7・2 表面排水

　路面を流れる水，隣接地より入ってくる水を処理するのが表面排水で，その役割を果たすものが横断勾配，縦断勾配，側溝などである．横断勾配についてはすでに述べたとおりである．縦断勾配による排水は，過去において考慮して

7・2 表面排水

いたこともあるが,特別な場合のほかはこれに頼らないのがよい.

側溝 (Side ditch) の形は, V形・L形・U形・半円形・台形・長方形などいろいろあるが,どれを用いるかは場所,材料に応じて考える必要がある.側溝に使う材料としては,コンクリート・アスファルト混合物・礫・野面石・芝張りなどがある.また,プレキャストのコンクリート側溝も多く用いられている.側溝の例をあげたものが図7・1である.

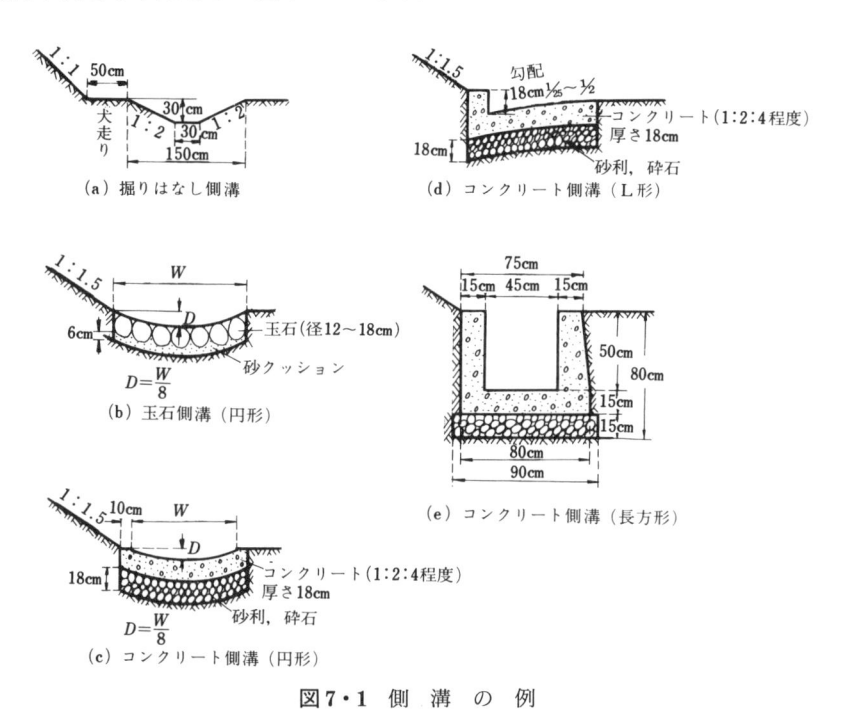

図7・1 側 溝 の 例

(a) 掘りはなし側溝
(b) 玉石側溝 (円形)
(c) コンクリート側溝 (円形)
(d) コンクリート側溝 (L形)
(e) コンクリート側溝 (長方形)

側溝の断面の大きさ,勾配を決めるには,その側溝を流れる水量が問題になる.そのためにはまず,雨水の流出量を知る必要がある.従来過去の降雨による流出量を参考にして経験的に決めることが多かったが,次のラショナル式を使用して計算することが望ましい.

$$Q = \frac{1}{3.6 \times 10^6} CIA \tag{7・1}$$

ただし $Q = $ 雨水の流出量 $(\mathrm{m}^3/秒)$

$C = $ 流出係数
$I = $ 降雨強度 (mm/時)
$A = $ 集水面積 (m²)

流出係数 C は地表面や地域の状況によって異なり，また降雨強度は地方により，同じ地方においても山地か平地かにより異なる．いずれも調査検討のうえ，現地に応じた値を採用する．また，雪の多い地方では，融雪水あるいは雪流しを考えて十分な断面をとらなければならない．

側溝を流下する水量を計算するには，通常マンニング (Manning) の流量公式を使っている．流速があまり速いと洗掘されるおそれがあるので，縦断勾配を材料に応じて変える必要がある．コンクリート，練石積みのようなもののときには 0.2％ (1/500) ぐらいを，その他の場合には 0.5％ (1/200) ぐらいを通常使用している．

高い切土または盛土の場合には，そののり面を直接水が流下するとのりくずれしたり，浸食したりするおそれがある．このような場合には，のり面の上部において道路に平行に溝を造り，これでのり面を下る水をしゃ断し，所々に水を下に落としてやるコンクリート，石材などの水路を設ければよい．

街路における側溝を街渠 (Gutter) というが，この街渠に集まった水は集水口 (Inlet) を経て雨水ます (Gully) へ，それよりさらに取付管によって下水本管あるいは道路外の河川，溝などに放流される．なお，街路において交差点は他の所にくらべて排水面積が大きく，また勾配も複雑であるから，排水上とくに考慮を要する．

7・3 地下排水

地下水を構成する主なものは重力水 (Gravitational water) と，この重力水より土の間隙を通って上昇してくる毛管水 (Capillary water) とである．重力水はその場所にすでにある地下水，路面あるいは道路外の地表面から入ってくる水および透水層を通って他より流入してくる地下水などが主体である．毛管水はこの地下水面から上昇してくるが，その上昇高，上昇速度は土質により非常に異なる．粘土のような細かい土質の場合は毛管上昇高は非常に高いが，上昇速度は遅く，シルトのようなものは毛管上昇高はあまり高くないが，上昇速度

はかなり速い．

　土質によって毛管現象にこのような差はあるが，地下水位が路面下1.5～2.0mぐらいであれば一応はよいようである．したがって地下水位は1.5～2.0m程度まで下げることが望ましいが，わが国においては地形あるいは工費などの関係から，地下水面を路面下1.0mまで下げることさえ困難なことが多い．わが国では通常路端の高さを道路に近接する水面より50cm以上にしなければならないとしているが，やむをえないことであろう．

　次に地下排水について，二つの場合に区分して考えてみる．

（a）　**起伏の少ない箇所の地下排水**　　平地部のような起伏の少ない箇所における地下排水施設としては，縦断方向の地下排水溝，横断地下排水溝，しゃ断排水層などを用いる．

　縦断方向の地下排水溝（Longitudinal drain）の一例を示したものが図7・2である．平地部で地下水面がほぼ水平な所では，このような地下排水溝を道路の両側に設け，道路幅員が大きく分離帯のあるような道路では，さらに分離帯の下にも設ける．緩傾斜地で，地下水が道路の片側からのみ流入する場合には，その流入部の山側にだけ設ける．この縦方向の地下排水溝の深さは通常1.0～2.0m程度であるが，地形・土質・地下水位などの条件によって変える．

　縦断方向の排水溝だけでは排水が十分に行われないと考えられる場合には，路面下を横断する横断排水溝（Transverse drain）を設ける．その間隔は地下水の状況に応じて15～40mぐらいが用いられている．

　地下水がとくに多くて地下排水溝だけでは十分に排水できないときには，路床と路盤の境界，あるいは路床や路体内に水平なしゃ断排水層を設けて浸透水を地下排水溝に導く．

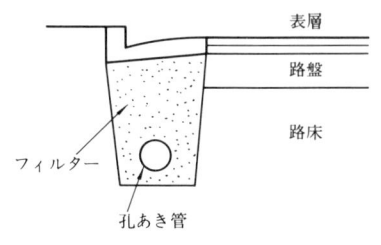

図7・2　地下排水溝の一例

（**b**） **地下水流入の阻止**（Intercepting drain）　道路の片側が山地に接しているような場合には山地の地下水が高いため，その水が道路の下部に入り路床を軟弱にすることがある．もし山地の地下水が路面より高い場合には切土部にその水が湧き出し，そこを崩壊させることもある．この現象は山地に接している場合だけでなく，貯水池や河川に接した道路などにおいてもよく見受けられる．

このような場合には切土の下部，道路に接して排水溝を設置して，山地から入ってくる地下水を阻止することがよく行われる．このいわゆるしゃ断暗渠はなるべく不透水層に達するのがよいが，もし不透水層がないか，またはあっても深い場合には地下水面を必要なだけ下げることができる程度の深さに設ける．図7・3は不透水層に達する場合，図7・4は不透水層が深い場合である．

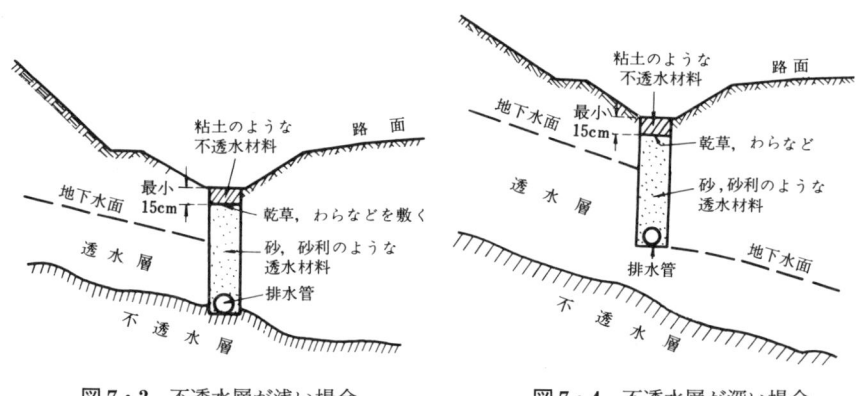

図7・3　不透水層が浅い場合　　　　図7・4　不透水層が深い場合

以上述べたいろいろな場合の排水溝の下部には，一般に水を集めて流す排水管を設置する．この排水管としては有孔コンクリート管を用いることが多いが，陶管・コンクリート管・鉄筋コンクリート管（ヒューム管）・有孔鋼管・合成樹脂管なども用いることがある．管の内径は10〜30cmぐらい，そのうち15〜20cm程度のものがもっとも多く用いられている．排水管内に水を入れるためには，穴のない管においてはその継目をすこし離していわゆる空継手（Open joint）にしておき，穴のあいている管においては密着させる（Sealed joint）．穴のない管を使って空継手にすると，土の中を通ってきた水が1箇所に集中して

細かい土粒子を管中に運び入れるおそれがあるので，なるべく穴のある管を使用することが望ましい．穴の径は通常 10 mm ぐらいである．

管の設置は一般の場合には穴を下側にして行い，とくに不透水層の上あるいはコンクリート基礎などを設ける場合，または水を外へ出す放出口の付近などでは穴を上側にする．穴を下側に向けると土が管に入ることが少なく，また排水する水の水頭の利用上からも有利である．放出口付近で穴を上に向けるのは，下に向けると管の中の水が漏れて付近の土を乱して基礎を破壊してしまうためである．図7・5は管の設置状況を示したものである．

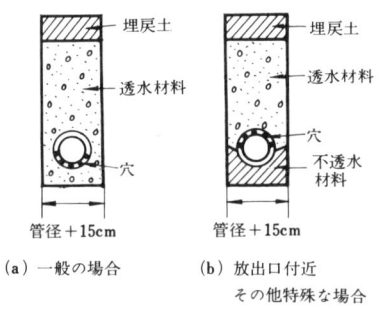

(a) 一般の場合　　(b) 放出口付近　その他特殊な場合

図7・5　排水管の設置図

排水管の縦断勾配は，流量と穴または継目から水と共に入ってくる土が沈殿しないという条件により決まってくる．だいたい 1/200〜1/150 ぐらいが多く用いられている．

排水管の周囲におく透水材料，すなわち沪過材料 (Filter material) は水をよく通し，かつ細粒土は通さないようなものでなければならない．アメリカの Corps of Engineers で従来の経験および実験に基づいて採用している沪過材料は次に述べるようなものである．

まず排水を行う路床土および使用する沪過材料の粒度の測定を行い，粒径加積曲線を画いて次の値を求める．

$d_{s(15)}$ = 路床土の通過量 15 % に相当する粒径
$d_{s(85)}$ = 路床土の通過量 85 % に相当する粒径
$d_{f(15)}$ = 沪過材料の通過量 15 % に相当する粒径
$d_{f(85)}$ = 沪過材料の通過量 85 % に相当する粒径

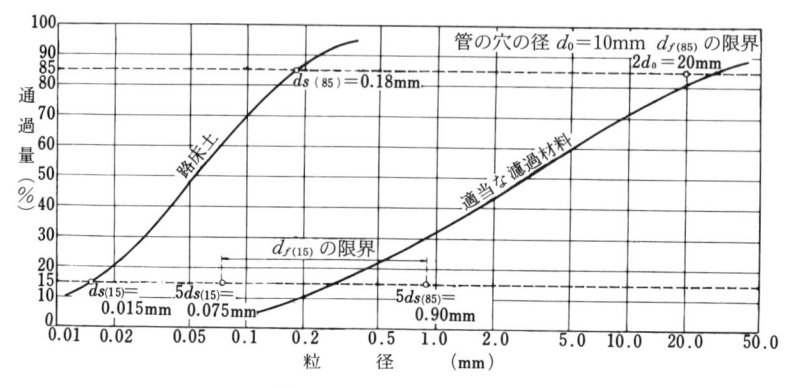

図7・6 沪過材料の設計法

$d_0 =$ 排水管の穴の径，空継手の場合にはその間隙の大きさ

路床土が洗い流されて沪過材料中に入ってこないためには

$$d_{f(15)} < 5d_{s(85)} \qquad (7 \cdot 2)$$

沪過材料が十分透水性であるためには

$$d_{f(15)} > 5d_{s(15)} \qquad (7 \cdot 3)$$

すなわち

$$5d_{s(15)} < d_{f(15)} < 5d_{s(85)} \qquad (7 \cdot 4)$$

でなければならない．

また沪過材料中の粗粒部分は d_0 の値によって左右され，次のような条件のものが望ましい．

$$d_{f(85)} > 2d_0 \qquad (7 \cdot 5)$$

粘着性の路床土の場合にも $d_{f(15)} \geqq 0.1\,\mathrm{mm}$ の必要がある．また沪過材料としては天然材料，洗い砂，砕石などが使用され，粒径加積曲線はなめらかでなければならない．もし，いままで述べたような条件を満足するような材料がないときには，2種のものを使用し，そのうちの粗いものは管の周囲に，細かいものはその外側，路床土に接して置く．

7・4 のり面浸食

雨が降ってのり面上に流水がある場合にはのり面の土が運搬され，そこにいわゆる浸食 (Erosion) が起こる．この水による浸食は次の三つに分けられる．

層状浸食 (Sheet erosion),
雨裂浸食 (Rill erosion),
溝状浸食 (Gully erosion)

層状浸食というのは，のり面上を水が薄層流をなして流れ，のり面一面にわたって薄く層状に浸食していくもので，もし弱い部分があるとそこに水が集中して溝状に流れることになる．このように水流の集中が起こると，溝は深さを増してそこに溝状浸食が起こる．雨裂浸食というのは，細長い糸のような溝ができる浸食で，溝状浸食の程度の低いものである．

水の浸食能力を決めるものは流水の速度およびその量である．流水の速度を左右するものは，のり面の傾斜とのり面を形成する材料の性質である．流水量は雨量と密接な関係があり，長時間にわたって降る弱い雨よりも短時間の豪雨の方が一時的に大量の水を流す．1分間の最大降雨量は地域によって異なるが，通常5分間測定のときには3〜3.5mm，1時間測定のときには1〜2mmぐらいである．のり面浸食に対しては，主として前者の3〜3.5mm/分が問題になる．

のり面が乾いている場合には，弱い雨に対してはまず水のしみ込みが起こり，長時間降雨の場合に初めて流れることになる．強い雨に対しては雨量は同じでも，浸み込み量は弱い雨の場合にくらべて少なく，しかも短時間に流れが集中するので弱い雨の場合よりも浸食の危険が大きい．

次に，浸食に対してどのような土が強いかということについて考えてみよう．大きい粒の土は流水によって運搬されにくいし，また逆に粘土のような細かい粒の土はお互いに結びついて流れにくい．もっとも浸食されやすい土はシルトすなわち，0.05〜0.005mmぐらいの大きさの土である．

ミドルトン (Middleton) は次の式 (7・6) で表せる分散率 (Dispersion ratio) というものを考えて，これによってその土が浸食されやすいかどうかを判定している．

$$\text{分散率} \quad D = \frac{W_n}{W_d} \times 100\% \qquad (7・6)$$

ただし W_n = 自然状態における 0.05mm より小さい粒子の質量
　　　　W_d = カセイソーダ，稀薄なアンモニア水などのアルカリ性媒質を

加えて団粒あるいは塊を崩壊させた後において，その土の中に含まれている 0.05 mm 以下の粒子の質量

この分散率の定義からもわかるように，分散率の大きいものは自然状態ですでに細粒に分散していることになり，したがって浸食されやすいということがいえる．だいたい 15％以下ならば非浸食性の土としてよい．

土の上に草が生えている場合には，裸地にくらべると非常に浸食されにくい．したがって路肩あるいはのり面などに草がはえていることは浸食の防止からいえば好ましいことである．

7・5 凍上現象とその対策

地表面下の温度が 0℃ 以下に下がれば，土中の水は凍結して氷層を作り，これが水の補給を受けてしだいに成長してゆく．水が凍ればその体積は膨張するから，氷層の成長に伴って路面は持ち上がり，いわゆる凍上 (Frost heave) の現象を生ずる．路面の持ち上がり量は地方により，土質・地下水の状況などにより非常に異なるが，数 cm から場合によっては数 m に達することもある．このため舗装にはひびわれが入り，路面はでこぼこの状態になる．

地中に氷層ができ凍上現象が始まると，この氷層が不透水性であるため，雨が降って地中に水が入るとその水は路体内にたまり，また春になって雪や氷が解け始めるとその水が同じく路体に作用して軟化し (Frost boil)，土は支持力を失い交通荷重が増すと道路はひどく破壊してしまう．したがって凍上現象は寒冷地方の道路にとって，もっとも大きい問題の一つである．

凍上を支配する主なものは，土質・地中水・地中の温度分布である．

土質においては，含まれている土粒子の大きさが重要で，一般にシルト以下の微粒子の少ないものが凍上しにくい．たとえば，次のような材料は凍上を起こしにくいとされている．

① 砂 (0.075 mm ふるい通過量 6％以下)
② 切込み砂利 (0.075 mm ふるい通過量 9％以下)
③ 切込み砕石 (4.75 mm ふるい通過分のうち 0.075 mm ふるいを通過するもの 15％以下)
④ 火山灰・火山礫 (粗粒・未風化・排水良好で，0.075 mm ふるい通過量 20

％以下）

　地盤の氷晶が成長し凍上が進む過程において，下方から水を吸引するが，この水を吸引する力は毛管力よりはるかに大きい．毛管現象の面から考えると，毛管上昇高は粘土，シルト，砂の順で高く，毛管水上昇速度は砂，シルト，粘土の順で速い．この毛管現象の面からは，シルトがいちばん凍上を起こしやすいようにみえる．いずれにしても補給水を絶つことが大切で，地下水位を下げることが重要な凍上防止対策となる．

　路面から地中温度が 0°C の所までの深さを凍結深さという．凍上を起こしにくい均一材料からできている地盤において，最近 10 年間のうちでもっとも寒いときの最大の凍結深さを理論最大凍結深さといい，凍上対策工法を検討するときの基準の凍結深さとしている．

　凍上対策工法としては，次のようなものが行われている．
　ⅰ）凍上する部分の土を凍結しにくい材料と置き換える．　ⅱ）セメント・石灰などを添加して安定処理する．　ⅲ）化学薬液で処理して凍結温度を下げる．　ⅳ）地表に近い部分に断熱材料を置く．　ⅴ）しゃ水層を設けて雨水・地下水が土の中に入らないようにする．　ⅵ）地下水位を下げる．　ⅶ）水を路面に放流しておく．

　現在主として用いられているのは，凍上する部分の土を凍上しにくい材料で置き換える工法である．安定処理工法は，凍結深さが深いか，土質が軟弱なときに，置換工法の補助として使用される．

　凍結温度を下げる薬品としては，$CaCl_2$，$MgCl_2$，$NaCl$ などがある．断熱材料としては，そだ・泥炭むしろ・石炭がら・ぼたなどがあるが，積雪も断熱材料と考えることができる．したがって，交通やその他のことに支障がなければ除雪しない方がよい．

　しゃ水層としては，不透水層または砂層によるしゃ断排水層を設ける．地下水位を下げるにはすでに地下排水の所で述べたことを適用すればよい．水を放流しておく方法は，最初に長岡市で試みられて成果を得ており，以後多くの都市で行われている．

問　題

7・1 現在住んでいる都市の道路に使ってある側溝について，形・材料・寸法などを調べ，それらのものが適当であるかどうかを検討せよ．

7・2 二つの都市間を結ぶ幹線道路が，樹木の比較的茂っている山地を掘り割って両側切取りで通っている．排水に対してどのような工法を考えたらよいか．

7・3 路床土の粒度を測定してみたところ，粒径加積曲線で通過量15％および85％に相当する土粒子の径がそれぞれ0.026mm，0.35mmであった．用意している排水管の穴の径が12mmであるとすれば，排水管の周囲に置く材料としてはどのような条件のものを用いたらよいか．

7・4 降雨のとき，新しいのり面の浸食状況を，とくに弱い雨のときと強い雨のときとの状況の差に注意して観察せよ．

7・5 現在住んでいる地域において，凍上の有無を調査し，もしあればその対策を検討せよ．

第8章 舗装構造の設計

8・1 道路の構造

　道路を横断方向に切断してみると，図8・1のような構造になっている．(a)はたわみ性舗装の代表としてアスファルト舗装を，(b)は剛性舗装の代表としてセメントコンクリート舗装（コンクリート舗装と略称することが多い）を示したものである．

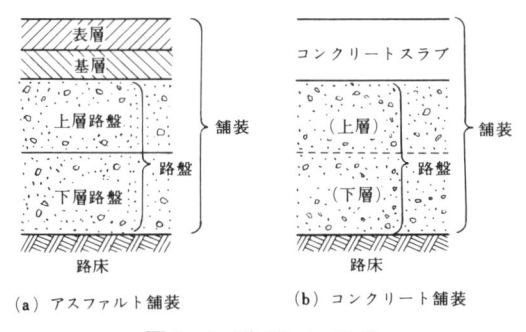

図8・1　道路の構造

　道路が破壊しないで長い間その役目を果たすためには，路面だけでなく，その下部にある部分についても十分気をつける必要がある．
　路床 (Subgrade) は，路盤の下の部分で，盛土区間では盛土の一部，切土区間では天然地盤そのものが路床となる．舗装の厚さを決定する基礎になる部分で，厚さは約1mと考える．路床の土が路盤に侵入するのを防止する目的で路床の上面に約15～30cmの厚さのしゃ断層を設けることがある．
　路盤 (Subbase) は，基層あるいは直接表層の下にあって，上部の表層，基層

とともに交通荷重をささえ，分布させるものである．通常上層路盤，下層路盤に分けられ，上層路盤はとくに荷重分散について主要な役割を果たす．

基層 (Base course) は表層の直下にあって表層と一体となって働き，荷重に耐えて，これを分散させる．

表層 (Surface course, Wearing course) は交通荷重を直接支持するものであり，また，回転するタイヤによるはく離，摩耗に抵抗し，表面から下方の基層，路盤，路床などに水が浸入するのを防ぐものである．

図 8・1 に示すように表層から路盤までをひっくるめて舗装 (Pavement) といっている．これらの各部分は別々に働くのでは効果が少なく，一体となって働いてはじめて大きな効果をあげうる．

8・2　路面に作用する交通荷重

荷重は各国それぞれ規格を作って決めているが，わが国の規格は表 8・1 のとおりである．

表 8・1　荷重規格

荷重の種類	総荷重 (kN)	前輪荷重 (kN)	後輪荷重 (kN)
T-20	196.2	19.6	78.5
T-14	137.3	13.7	54.9

自動車が道路上を走るときには，路面のでこぼこにより静輪荷重のほかに衝撃が加わる．この衝撃はいろいろな条件によって異なり，わかりにくいものである．

衝撃荷重の輪荷重に対する割合すなわち衝撃係数は，荷重が大きくなるにしたがって減少する．通常考えられている最大荷重付近では衝撃荷重は輪荷重の 20〜30 % ぐらいであると考えてさしつかえない．

自動車のタイヤが路面に接触する面はだ円形に近い形であるが，ふつう円形と考え，また荷重も等分布していると仮定している．

接触円等値半径 a (cm) と輪荷重 P (kN) との間には次のような関係が提案されている．

$$a = 12 + \frac{P}{10} \tag{8・1}$$

タイヤの接地圧は衝撃をいっしょに考えた輪荷重の大きさを接地面積で割れば求まるが，だいたい $40 \sim 70 \mathrm{N/cm^2}$ ぐらいを最大値と考えてよい．

8・3 路面の種類

路面の分類は，その観点によっていろいろ考えられる．たとえば材料・工法により，工費の多少により，あるいは交通荷重に対する抵抗方法により分類することができる．

材料・工法によって分けるとだいたい次のとおりである．

i） 土質道
　イ）土砂道　　ロ）砂利道　　ハ）砕石道　　ニ）鉱さい道

ii） 瀝青系舗装
　イ）加熱混合式工法（粗粒度・密粒度・細粒度・密粒度ギャップ・細粒度ギャップ・開粒度アスファルトコンクリート舗装）　　ロ）常温混合式工法（プレコートマカダム・マカダム骨材式・密粒度骨材式工法）　　ハ）半たわみ性舗装（半剛性舗装）　　ニ）グースアスファルト舗装　　ホ）ロールドアスファルト舗装　　ヘ）フォームドアスファルト舗装　　ト）フルデプスアスファルト舗装　　チ）サンドウィッチ舗装　　リ）コンポジット舗装　　ヌ）その他

iii） セメントコンクリート系舗装
　イ）セメントコンクリート舗装　　ロ）連続鉄筋コンクリート舗装　　ハ）プレストレストコンクリート舗装　　ニ）セメントマカダム道　　ホ）鋼繊維補強コンクリート舗装　　ヘ）その他

iv） ブロック舗装
　イ）木塊舗装　　ロ）板石舗装　　ハ）小舗石舗装　　ニ）れんが舗装　　ホ）コンクリート平板舗装　　ヘ）アスファルトブロック舗装　　ト）インターロッキングブロック舗装　　チ）その他

工費の多少によって低級路面（Low-type surface）または低コスト道路（Low cost road），中級路面（Intermediate-type surface），高級路面（High-type sur-

face) に分けることがある.
　交通荷重に抵抗する機構によって分けると次の二つになる.
　　　たわみ性路面 (舗装) (Flexible pavement)
　　　剛性路面 (舗装) (Rigid pavement)
　たわみ性路面は，表層が基層や路盤の変形に比較的追随できるもので，その代表的なものがアスファルト舗装である．剛性路面はせん断力にも曲げにも抵抗できて，下方の部分の変形に追随できないもので，その代表的なものはセメントコンクリート舗装である．しかし，これら両者の限界は明らかではなく，たわみ性のものは剛性のものにくらべて，たわみが多少大きくても変形が比較的容易で破壊しにくいというぐらいの意味のものである．設計するときの限界たわみ量としてはセメントコンクリート舗装で 1.3 mm，アスファルトコンクリート舗装で 12.7 mm，表面処理式アスファルト簡易舗装で 3 mm 程度を考えている．
　アスファルトコンクリート舗装とセメントコンクリート舗装の間には，荷重や気温の変化などを受けたときの作用に大きな差異があり．その厚さを設計する方法も当然異なってくる．従来はアルファルト舗装要綱およびセメントコンクリート舗装要綱に従って設計してきた．平成 13 年 4 月，道路構造令が改訂されたが，それに伴って舗装の基準も改定され，同年 6 月，8・8 節に述べるような「舗装の構造に関する技術基準」が定められた．

8・4　支持力係数および CBR

　路床・路盤は表層に加わる交通荷重を支持して下部に伝え，また路面の沈下を許しうる限度内に止めるものでなければならない．このためにはその使用材料の選択，締固め，材料の性質を弱めて沈下を大きくする水の排除などが重要な問題となる．
　路床・路盤の支持力の測定にはいろいろな方法が提案されているが，ここではもっともよく使用されている平板載荷試験方法と CBR 試験方法について述べることにする．

（1）平板載荷試験
　平板載荷試験は道路や飛行場の滑走路などの基礎の支持力係数を求める試験

である．支持力係数 $K(\mathrm{kN/m^3},\ \mathrm{MN/m^3})$ は，載荷板に荷重を加えて載荷試験を行ったとき，ある沈下量 $y(\mathrm{cm})$ のときの荷重強度が $q(\mathrm{kPa})$ であるとすれば，次の式で表せるものである．

$$\text{支持力係数}\quad K = \frac{q}{y} \tag{8・2}$$

支持力係数は K 値（K-value）ともいっている．その測定方法の細部は JIS に譲るが，荷重強度と沈下量とは直線関係になく，したがってどのような沈下量を考えるかによって支持力係数の値は違ってくる．通常は沈下量 1.25 mm (0.05 in) のときの値を標準にしている．また載荷板の直径によっても異なり，直径 75 cm (2 ft 6 in) 位までは直径が大きくなるほど支持力係数は小さくなる．直径 30 cm および 75 cm の載荷板を使ったときの支持力係数の間にはほぼ次のような関係がある．

$$K_{75} = \frac{1}{2.2} K_{30} \tag{8・3}$$

ただし K_{30}, K_{75} ＝ それぞれ直径 30，75 cm の載荷板に対する支持力係数 $(\mathrm{kN/m^3},\ \mathrm{MN/m^3})$

通常直径 30 cm の載荷板を使って測定した値をそのまま使用している．

（2） CBR 試験

CBR（Carifornia Bearing Ratio）は，試験する土の中へ径 5 cm の貫入棒を 1 mm/分の速度で貫入させた場合，ある貫入深さのときにかかっている試験単位荷重を，その貫入深さのときの標準単位荷重で割って 100 倍し，％で表したものである．すなわち

$$\mathrm{CBR} = \frac{\text{試験単位荷重}}{\text{標準単位荷重}} \times 100 = \frac{\text{試験荷重}}{\text{標準荷重}} \times 100\,(\%) \tag{8・4}$$

標準単位荷重とは，締め固めた良好な砕石層に対して，同じような貫入試験を行った場合の単位荷重で，表 8・2 に示すような値である．

表 8・2 CBR 試験における標準荷重

貫入深さ	単位荷重	全荷重
mm	MPa	kN
2.5	6.9	13.4
5.0	10.3	19.9

このCBR試験には，室内において行う場合と現場で行う場合とがある．室内試験においては通常4日間水に漬けて十分に吸水させて試験を行っている．これは試験時の状態を路床あるいは路盤が実際に遭遇するであろう最悪の状態になるべく近づけるためである．また式(8・4)でCBRを求めるときに使用する試験単位荷重および標準単位荷重は，通常貫入量2.5mmにおける値を使用する．

舗装の設計に多く用いられるCBRは，室内試験で得られる設計CBRと修正CBRであり，これらについて以下説明する（アスファルト舗装要綱参照）．

（a）設計CBR アスファルト舗装の厚さを決定する場合に用いる路床土のCBRをいい，設計CBR試験より求める．自然含水比の試料について3層67回の突固めで得られた供試体を，上に述べたように4日間水浸後，貫入試験を行って設計CBRを得る．

（b）修正CBR 路盤材料の強さを表すもので，JIS A 1211に示す方法に準じて，3層92回突き固めたときの最大乾燥密度に対する所要の締固め度に対応する水浸CBRをいう．修正CBR試験は，初めに3層92回の突固め試験で最適含水比を求め，この含水比に調整した試料を用いて3層92回，42回，17回の3種の突固めによる供試体を作る．これらの供試体を4日間水浸後貫入試験によりCBRを求め，乾燥密度，含水比およびCBRの関係図より修正CBRを得る．図8・2にその一例（地盤工学会，土質試験の方法と解説）を示す．所要の締固め度としては，上で求めた最大乾燥密度の90％や95％をとることが多い．

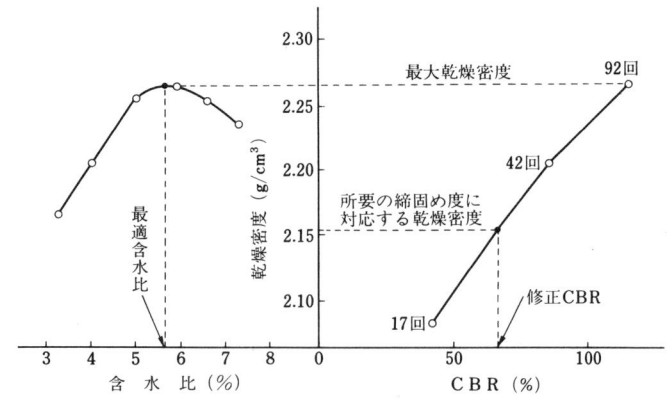

図8・2 修正CBRの求め方

8・5 たわみ性舗装の厚さの設計

たわみ性舗装の厚さを決めるには,理論的にまた実験的に多くの方法が考えられていて,その数は30以上にも達するが,そのうち実際に用いられたものはあまり多くない.

これらのうちの代表的なものについて次に説明することにする.

(a) CBR試験によるもの(T_A法) 昭和35年制定の「アスファルト舗装要綱」は,以後昭和42年・53年の改訂を経て,さらに平成4年に改めて改訂が行われた.ここでは平成4年改訂のものについてその大綱を説明する.

アスファルト舗装の構造設計すなわち表層より路盤までの各層の構成は,交通・路床・気象・材料の各条件および経済性を考慮して,各層が力学的にバランスがとれるように決める.交通条件は,通常設計期間を10年とし,設計期間における平均の1日1方向あたりの大型車交通量を設計交通量とする.そしてその設計交通量を表8・3のように区分する.なお,一方向3車線以上の道路においては,その交通状況に応じて,この表の交通量の70%までの範囲で低い値を用いてもよい.また,路床条件は設計CBRで表す.

表8・3 交通量の区分

交通量の区分	大型車交通量(台/日・一方向)
L交通	100 未満
A交通	100〜250 未満
B交通	250〜1,000 未満
C交通	1,000〜3,000 未満
D交通	3,000 以上

舗装の各層の厚さは次のようにして決める.まず,舗装のすべての層が表層・基層用アスファルト混合物で成り立つと考えた場合に必要な厚さ,すなわち等値換算厚(T_A)を求める.T_Aの求め方については後に述べるが,このT_Aが路床の設計CBRと表8・3の設計交通量の区分により定まる表8・4に示すT_Aの目標値を下まわらないように決めるのである.なお,表8・4の( )の部分は,路床の改良が困難で,設計CBRを2以上にすることができないときに適用する.

等値換算厚 T_A の計算は次の式で行う.

$$T_A = a_1 T_1 + a_2 T_2 + \cdots + a_n T_n \qquad (8 \cdot 5)$$

ただし　$a_1, a_2, \cdots, a_n =$ 等値換算係数(各工法・材料の 1 cm 厚が表層・基層用アスファルト混合物の何 cm に相当するかを示す値．表 8・5 に示す)

表 8・4　T_A の目標値 (cm)

設計 CBR	L 交通	A 交通	B 交通	C 交通	D 交通
(2)	(17)	(21)	(29)	(39)	(51)
3	15	19	26	35	45
4	14	18	24	32	41
6	12	16	21	28	37
8	11	14	19	26	34
12	11	13	17	23	30
20	11	13	17	20	26

表 8・5　T_A の計算に用いる等値換算係数

使用する位置	工法・材料	品質規格	等値換算係数 a
表　層 基　層	表層・基層用加熱アスファルト混合物		1.00
上層路盤	瀝青安定処理	加熱混合：安定度 3.43 kN 以上	0.80
		常温混合：安定度 2.45 kN 以上	0.55
	セメント・瀝青安定処理	一軸圧縮強さ　1.5～2.9 MPa 一次変位量　15～30 (1/100 cm) 残留強度　65 % 以上	0.65
	セメント安定処理	一軸圧縮強さ (7 日) 2.9 MPa	0.55
	石灰安定処理	一軸圧縮強さ (10 日) 1.0 MPa	0.45
	粒度調整砕石，粒度調整鉄鋼スラグ	修正 CBR 80 以上	0.35
	水硬性粒度調整鉄鋼スラグ	修正 CBR 80 以上 一軸圧縮強さ (14 日) 1.2 MPa 以上	0.55
下層路盤	クラッシャラン，鉄鋼スラグ，砂など	修正 CBR 30 以上	0.25
		修正 CBR 20 以上 30 未満	0.20
	セメント安定処理	一軸圧縮強さ (7 日) 1.0 MPa	0.25
	石灰安定処理	一軸圧縮強さ (10 日) 0.7 MPa	0.25

(注)　アスファルト舗装要綱に加筆・修正

T_1, T_2, …, T_n = 構成各層の厚さ (cm)

　以上のようにして求めた合計厚が凍結深さより小さい場合には，その厚さの差だけ凍結しにくい材料の層を路盤と路床の間に設ける．この層を凍上抑制層と呼ぶ．

　なお，以上のようにして求まる舗装構成は無数にある．このうちいちばん経済的なものがめざすものである．

　(b) 多層弾性理論によるもの　　多層弾性理論による方法には，次の二つがある．

　ⅰ) 舗装断面を仮定して，その仮定断面における荷重による応力やひずみを計算し，その結果を破壊規準と照合して舗装断面を決定する方法(その具体的な手順についてはアスファルト舗装要綱(平成4年版)参照)

　ⅱ) 実績のある舗装断面の応力・ひずみ・変位と仮定断面のそれらの値とを比較検討して，舗装断面を決定する方法

　(c) 経験・実験によるもの　　今までに同様な舗装構造の実績がある場合，あるいは実験によってこの構造でよいと確認ができた場合には，その構造を使うことができる．

　通常は"(a) CBR 試験によるもの (T_A 法)"，この T_A 法によることができないときには，"(b) 多層弾性理論によるもの"かあるいは"(c) 経験・実験によるもの"を使用している．

　アメリカにおいて，1956年から約6年間にわたって，AASHTO の道路試験が行われた．試験舗装に対して 1,114,000 回の輪荷重を通過させて，その結果から舗装の破壊状況と走行する自動車の快適性との関係を求め，これに基づいて舗装の厚さを決める方法を提案している．なお，アスファルト舗装だけでなくセメントコンクリート舗装も対象にしており，わが国の現在のアスファルト舗装要綱の方法はこの AASHTO の道路試験の結果より示唆を受けている．

8・6　剛性舗装に生ずる応力

　現在純粋に剛性舗装として取り扱うことのできるものは，コンクリート舗装だけであるから，ここでも主としてコンクリート舗装を対象として考えることにする．コンクリート舗装は交通荷重だけでなく，温度変化・湿度変化などい

ろいろな原因によって生ずる力を受ける複雑な構造物で，その応力としては次のようなものが考えられる．

　　ⅰ）荷重によって生ずる支圧応力　　ⅱ）荷重によって生ずる曲げ応力
　　ⅲ）温度変化によって生ずる水平方向の圧縮・引張応力
　　ⅳ）スラブの上下面の温度差によって生ずるそり応力
　　ⅴ）湿度変化によって生ずる水平方向の圧縮・引張応力
　　ⅵ）スラブの上下面の湿度差によって生ずるそり応力
　　ⅶ）施工後の硬化収縮によって生ずる引張応力
　　ⅷ）地震によって生ずる応力

以上のそれぞれについて，次に簡単に説明を加えよう．

（a）荷重によって生ずる支圧応力　　自動車がスラブに載ると鉛直方向に荷重が加わり，コンクリートは支圧応力を受ける．わが国では，自動車の最大輪荷重として49kNを考えているが，これに衝撃荷重20％が加わるとすれば，路面には58.8kNが作用することになる．スラブへの接触面積は，接触円等値半径を式（8・1）により求めた17cmとすれば，907cm²となる．したがって，支圧応力は 58,800/907 ＝ 64.8N/cm²，このような小さい支圧応力は通常考慮しなくてよい．

（b）荷重によって生ずる曲げ応力　　荷重がスラブに加わると，はりにおけると同じように，スラブには曲げが生じ一面に引張応力を，他面には圧縮応力を受ける．コンクリートは圧縮応力に対しては比較的強いけれども引張応力に対しては弱いので，通常この引張応力だけを問題にしている．舗装のスラブに生ずる曲げ応力を求めることは，1920年頃より各方面で研究されているが，実際の状態を考慮した最初の理論的なものはウエスターガード（Westergaard）の式である．この式を求めるために行われた主な仮定は次のとおりである．

　　ⅰ）コンクリートスラブはつり合いの状態にある均一等方弾性体で，厚さは一様とする．

　　ⅱ）スラブがその載っている路盤から受ける反力は垂直だけで，その垂直反力はスラブのたわみに比例する．すなわち次の式（8・6）が成立する．

$$q = KS \qquad (8・6)$$

ただし　q ＝ 垂直反力　　S ＝ 沈下量

$K =$ 支持力係数 (Subgrade modulus)

iii) 支持力係数 K の値は，スラブの下各点において一定で，たわみには無関係である．

iv) 荷重は図 8・3 のようにスラブの内部および隅角部においては円状に均一分布，縁部においては半円状に均一分布する．

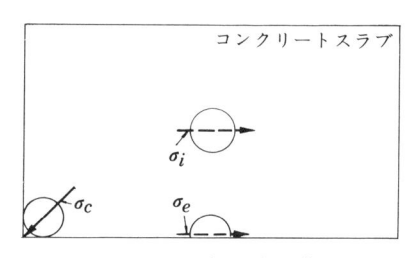

(注) σ_c：スラブの上側に作用
σ_i, σ_e：スラブの下側に作用

図 8・3 荷重の分布状況および最大引張応力の位置

以上の仮定に基づいて求めた結果は次のとおりである．

$$\text{隅角部} \quad \sigma_c = \frac{3P}{h^2}\left[1 - \left(\frac{12(1-\mu^2)K}{Eh^3}\right)^{0.15}(a\sqrt{2})^{0.6}\right] \quad (8\cdot7)$$

$$\text{中央部} \quad \sigma_i = 0.275(1+\mu)\frac{P}{h^2}\log_{10}\left(\frac{Eh^3}{Kb^4}\right) \quad (8\cdot8)$$

$$\text{縁 部} \quad \sigma_e = 0.529(1+0.54\mu)\frac{P}{h^2}\left[\log_{10}\left(\frac{Eh^3}{Kb^4}\right) - 0.71\right] \quad (8\cdot9)$$

ただし $\sigma_c =$ 荷重が隅角部に作用したとき，隅角 2 等分線上スラブの上側に生ずる最大引張応力

$\sigma_i =$ 荷重が縁より相当離れた所に作用したとき，その作用点においてスラブの下側に生ずる最大引張応力

$\sigma_e =$ 荷重が縁に作用したとき，その作用点においてスラブの下側に生ずる縁に平行な最大引張応力

$P =$ 荷重（衝撃荷重も加算する）

$h =$ コンクリートスラブの厚さ

$\mu =$ コンクリートのポアソン比

$E =$ コンクリートの弾性係数

$K=$ 支持力係数

$a=$ 荷重の接触円等値半径

$b=$ 圧力の等値分布半径 (Radius of equivalent distribution)

$a < 1.724h$ のとき $b = \sqrt{1.6a^2 + h^2} - 0.675h$

$a > 1.724h$ のとき $b = a$

上の式 (8・7), (8・8), (8・9) に対して

$$l = \sqrt[4]{\frac{Eh^3}{12(1-\mu^2)K}} \quad :剛比半径 \text{ (Radius of relative stiffness)}$$

とおき,コンクリートの $\mu=0.15$ として,これらの値を入れれば次の各式を得る.

$$\sigma_c = \frac{3P}{h^2}\left[1-\left(\frac{a\sqrt{2}}{l}\right)^{0.6}\right] \qquad (8\cdot10)$$

$$\sigma_i = 0.316\frac{P}{h^2}\left[4\log_{10}\left(\frac{l}{b}\right)+1.069\right] \qquad (8\cdot11)$$

$$\sigma_e = 0.572\frac{P}{h^2}\left[4\log_{10}\left(\frac{l}{b}\right)+0.359\right] \qquad (8\cdot12)$$

以上に示したウエスターガードの式は実際よりすこし大きい値を与えるようである.

実際においては隅角部においてもっとも大きい応力を生じ,ここがもっとも危険な箇所となるようにみえる.したがって実用的に主として研究されたのは隅角部の応力で,ウエスターガード以来実験的にあるいは理論的にいろいろな研究・提案がなされているが,そのうち次のアーリントンの半実験式が比較的実際とよく合うようである.ただし,これは鉄筋の入っていない隅角部 (Unprocted corner) に対するものである.

アーリントンの半実験式
$$\sigma = \frac{4.2P}{h^2}\left[1-\frac{\sqrt{\frac{a}{l}}}{0.925+0.22\frac{a}{l}}\right] \qquad (8\cdot13)$$

この式はアーリントン (Arlington) 試験所で広範な実験を行い,その結果に基づいてウエスターガードの式を修正したものである.

鉄筋の入っている隅角部 (Procted corner) に対しては,式 (8・13) の引張応力はその 80% に減少する.すなわち

アーリントンの半実験式

$$\sigma = \frac{3.36P}{h^2}\left[1 - \frac{\sqrt{\frac{a}{l}}}{0.925 + 0.22\frac{a}{l}}\right] \quad (8 \cdot 14)$$

以上の隅角部の引張応力の研究に対して，岩間滋氏は実際のコンクリート舗装スラブにおいて，縦縁部にひびわれが多く発生しているのに着目して次のような式を提案している．

$$\sigma_e = (1 + 0.54\mu)\,C\frac{P}{h^2}(\log_{10}l - 0.75\log_{10}a - 0.18) \quad (8 \cdot 15)$$

ただし　$\sigma_e =$ スラブの縦縁部に生ずる最大引張応力

$C =$ 係数，縦自由縁部に対して 2.12，適当量のタイバーを用いた縦目地縁部に対して 1.59

(c)　**温度変化によって生ずる水平方向の圧縮・引張応力**　スラブの平均温度は日の出前最低，昼間最高になる．その差の最大は夏季において起こり，20 cm の厚さのスラブで 20 °C ぐらいである．このようにスラブの平均温度に変化を生ずると，その変化に応じてスラブは伸縮する．温度が上昇してスラブが伸びる場合を考えると，初めのうちは路盤とスラブの間の付着摩擦によってスラブの伸びが抵抗を受け，スラブには圧縮応力を生ずる．この圧縮応力が大きくなってスラブと路盤との間の付着摩擦力に打ち勝つと，スラブは路盤上をすべって伸び圧縮応力は減少する．この減少した圧縮応力がすべり摩擦力とつり合う所で，スラブの伸びは止まって再び付着摩擦力が働くことになり，これを繰り返してスラブは伸びてゆく．温度が下がってスラブが縮む場合も全く同様で，この場合にはスラブに引張応力を生ずる．

スラブがこのように伸縮を開始すれば，路盤とスラブとの間の摩擦力は，最大値である付着摩擦力とそれよりすこし小さいすべり摩擦力との間を上下する．しかし付着・すべりの両摩擦力の差はわずかで，スラブが伸縮を開始した後は摩擦力はほぼ一定であるとみなしてさしつかえない．

この摩擦係数の値はふつう最大 2.0〜3.0 と考えてよく，湿潤な路盤では小さくなる．またスラブを繰り返して移動させるとその値は減少し，砂を敷くとさらに著しく減少する．以上述べたようにしてスラブに生ずる応力はあまり大きくなく，通常は問題にならない程度である．

（ d ） **スラブの上下面の温度差によって生ずるそり応力**　スラブの上面は昼間は太陽に照らされて下面より温度が高くなっており，夜は逆になっている．昼間の上面の温度が高いときの上下面の温度差の最大は夏季に生じ，また夜間の上面の温度が低いときの上下面の温度差は夏，冬あまり差がない．第13回国際道路会議 (1967年，東京) の結論によると，最大温度勾配はスラブの上面温度が高いとき厚さ1cmにつき0.9°C，スラブの下面温度が高いとき厚さ1cmにつき0.5°Cである．

このようにスラブの上下面に温度差があるため伸縮に差異を生じ，ここにそりという現象を生ずる．しかしスラブが長方形であるため，自由にそるのが妨げられてここにそり応力を生ずる．すなわち上面の温度が高いときには下の方へそるのが妨げられて下面に引張応力を，下面の温度が高いときには上の方へそるのが妨げられて上面に引張応力を生ずる．その応力の大きさについてはブラドバリー (Bradbury) が次のような実験式を提案している．

隅角部　　$\sigma_{cw} = \dfrac{Eet}{3(1-\mu)}\sqrt{\dfrac{a}{l}}$　　　　　　　　　(8・16)

中央部　　$\left.\begin{array}{l}\sigma_x = \dfrac{Eet}{2}\left(\dfrac{c_x + \mu c_y}{1-\mu^2}\right) \\[8pt] \sigma_y = \dfrac{Eet}{2}\left(\dfrac{c_y + \mu c_x}{1-\mu^2}\right)\end{array}\right\}$　(8・17)

縁　部　　$\sigma_{xe} = \dfrac{c_x Eet}{2}$　　　　　　　　　　　(8・18)

ただし　σ_{cw} = 隅角部の2等分線上の応力 (概略値)

　　　　σ_x = 中央部の長さの方向の最大応力

　　　　σ_y = 中央部の幅の方向の最大応力

　　　　σ_{xe} = 縁部の縁に平行な最大応力

　　　　E = コンクリートの弾性係数

　　　　e = コンクリートの膨張収縮係数

　　　　t = スラブの上下面の温度差

　　　　μ = コンクリートのポアソン比

　　　　a = 荷重の接触円等値半径

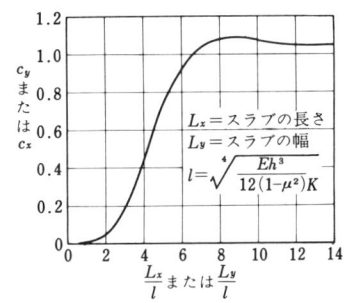

図8・4　そり応力を求めるための係数 c_x, c_y

$$l = 剛比半径\left(\sqrt[4]{\frac{Eh^3}{12(1-\mu^2)K}}\right)$$

c_x, c_y = 係数 (図8・4参照，それぞれ L_y, L_x に対応)

岩間滋氏はスラブの上下面の温度差によるそり応力を，実測に基づいて検討し，次の式を提案している．

$$\sigma_{ew} = 0.35 C_w E e t \tag{8・19}$$

ただし　σ_{ew} = スラブの縦縁部におけるそり応力

C_w = そり拘束係数 (表8・6参照)

表8・6　そり拘束係数 C_w

収縮目地間隔(m)		5.0	6.0	7.5	8.0	10.0	12.5	15.0
C_w	正の温度差	0.85	0.91	0.95	0.95	0.96	0.97	0.98
	負の温度差	0.40	0.55	0.73	0.78	0.90	0.93	0.95

(注)　温度差は上面が下面より高いときを正，低いときを負とする．

そり応力の大きさは，場合によってはかなりの大きさに達する．とくに昼間中央部下面における荷重応力とそり応力とが合成されるときと，夜間隅角部上面における荷重応力とそり応力とが合成されるときとである．係数 c_x, c_y したがってそり応力は，図8・4よりわかるように，ある値まではスラブの長さまたは幅が大きくなるほど大きくなるから，そり応力を小さくするためには長さおよび幅を小さくする必要がある．

（e）**湿度変化によって生ずる水平方向の圧縮・引張応力**　湿度が大きくなればスラブは膨張し，乾けば収縮する．すなわち温度変化の場合と全く同じ

ような応力をスラブに与えるが，その値はきわめて小さい．

（f）**スラブの上下面の湿度差によって生ずるそり応力**　スラブの上面に太陽が当たればスラブの上面は乾いて縮み，スラブは上の方にそろうとする．また逆に長く乾燥した後雨が降ったような場合には，上面の方の湿度が大きくなって伸び，下の方にそろうとする．したがって上下面に温度差がある場合と同様に，上の方にそる場合には上面に引張応力を，下の方にそる場合には下面に引張応力を生ずる．しかしその値はあまり大きくない．

（g）**施工後の硬化収縮によって生ずる引張応力**　温度が降下した場合における水平方向の引張応力と同様な応力を生ずる．他の構造物と同じように，目地および適当な養生によってその害を防ぐことができる．

（h）**地震によって生ずる応力**　路盤に伸縮が生じ，路盤とスラブとの間の摩擦によってスラブに引張りあるいは圧縮応力が生ずることになる．その大きさはスラブに一様な温度変化がある場合と同様に考えることができ，したがって生ずる応力はあまり大きくない．しかしスラブが地割れの上に載った場合，道いっぱいにスラブがあって両端より圧縮を受けるような場合には，問題になる応力を生じよう．

以上各種の応力のうち，とくに問題になるものは（b）の曲げ応力，（d）のそり応力，（g）の硬化収縮による応力である．

8・7　剛性舗装の厚さの設計

コンクリート舗装において，まず路盤の厚さを決める方法，ついでスラブの厚さを決める方法ついて述べよう．

（1）**路盤の厚さの設計**

路盤の厚さを求めるには，平板載荷試験によって求めた支持力係数による方法と，CBRによる方法とがあるが，通常は前者によっている．凍結融解を受ける地方においては，凍結深さと，上記の方法によって求めた路盤厚に舗装スラブの厚さを加えた合計厚さとを比較して，その大きい方を路盤と舗装スラブの合計厚さとして採用する．

（a）**支持力係数による方法**　路盤面の支持力係数 K は，B，C，D交通に対しては $196\,\mathrm{MN/m^3}$ 以上，L，A交通に対しては $147\,\mathrm{MN/m^3}$ 以上になるよう

にする．路盤厚を決めるには，試験路盤によるのが望ましいが，それが難しい場合には，路盤面の支持力係数 K_1 と路床面の支持力係数 K_2 との比すなわち K_1/K_2 に基づく図 8・5 の設計曲線を用いる．路床の支持力係数は含水量によって変化するので，季節的な変動が少ないと思われる面まで掘り下げて平板載荷試験を行う．

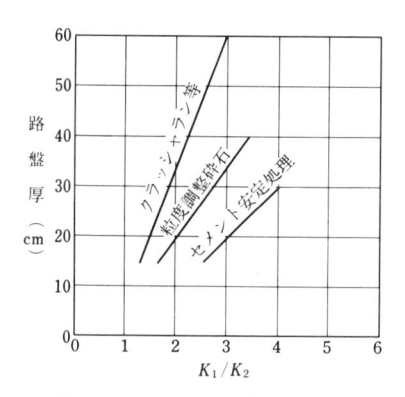

図 8・5 路盤厚と K_1/K_2 との関係

設計に用いる支持力係数は，ほぼ同じ材料を使う区間に対して，切土，盛土の場合ともに 3 箇所以上の実測値に基づいて次の式で求める．なお，C の値は表 8・7 のとおりである．

$$\text{設計支持力係数 } K = \text{各地点の支持力係数の平均} - \frac{\text{支持力係数の最大値} - \text{支持力係数の最小値}}{C} \quad (8\cdot20)$$

セメント安定処理路盤の最小厚さは 15cm とする．また通常使う粒状材料あるいはセメント安定処理以外の路盤の厚さは試験路盤によって決定する．

（b） CBR による方法　路床上で測った設計 CBR によって路盤厚を求めるものである．同じ構造とする区間の設計 CBR は次の式によって決定する．なお，C としては表 8・7 の値を使う．

表 8・7 設計支持力係数の計算に使う係数 C

個数(n)	2	3	4	5	6	7	8	9	10 以上
C	1.41	1.91	2.24	2.48	2.67	2.83	2.96	3.08	3.18

表 8・8 設計 CBR と路盤厚との関係　　　（単位　cm）

交通量の区分 \ 路床の設計 CBR	2	3	4	6	8	12 以上
L，A 交通	50	35	25	20	15	15
B，C，D 交通	60	45	35	25	20	15

$$\text{設計 CBR} = \text{各点の CBR の平均} - \frac{\text{CBR の最大値} - \text{CBR の最小値}}{C} \tag{8・21}$$

このようにして求めた設計 CBR に応じて表 8・8 によって路盤厚を決める．

(c) 路床が岩盤である場合　切取部，トンネル内など路床が岩盤である場合には，支持力を均等にするために，一般に平均厚さ 10 cm のならしコンクリートを打つことが好ましい．しかし，路盤計画高より最小 10 cm 下部まで掘削して通常の路盤とする方が経済的なこともあるから，とくに掘削に費用を要しないと思われるときには比較検討することが望ましい．

(2) コンクリート舗装スラブの厚さの設計

コンクリート舗装スラブは通常幅全体にわたって同じ厚さすなわち等厚型を用いている．

舗装スラブの厚さは交通量とも密接な関係があり，現在わが国においてはセメントコンクリート舗装要綱 (昭和 59 年) によって交通量の区分に応じて表 8・9 の値を標準とすると定めている．

なお，舗装スラブの設計は 20 年間の交通に耐えることを目標にしている．通常は表 8・9 の厚さで十分であるが，計算によって求める方法を次に説明しておく．

(a) 岩間の方法　すでに述べた式 (8・15) および式 (8・19) に基づいてスラブの厚さを求める方法で，セメントコンクリート舗装要綱 (昭和 59 年) においては，各種条件が高い精度で推定される場合などには，この方法によって確

8・7 剛性舗装の厚さの設計　**155**

表 8・9　舗装スラブの厚さ

交通量の区分	舗装スラブの厚さ (cm)
L 交通	15 (20)
A 交通	20 (25)
B 交通	25
C 交通	28
D 交通	30

(注)　設計基準曲げ強度 $4.4\,\mathrm{N/mm^2}$
　　　(　)内は $3.9\,\mathrm{N/mm^2}$

かめるとよいとしている．

　この設計方法は，スラブの縦縁部すなわち縦自由縁部および縦突合せ目地縁部の輪荷重応力および温度応力の両方を考慮したものである．その細部についてはここでは省略するが，必要に応じて「セメントコンクリート舗装要綱(昭和 59 年)」を参照されたい．

　(b)　アーリントンの半実験式　すでに述べた式(8・13)および式(8・14)によるものである．

　スラブの上面より下面の方が温度が高いとスラブは上にそって，隅角部においてはそり応力と共にスラブの持ち上がりが生ずる．この隅角部におけるそり応力は比較的小さく，むしろ持ち上がりにより路盤支持力が減少したために増加する荷重応力の方が問題になる．式(8・13)，(8・14)はこの路盤支持力の減少に基づく荷重応力の増加をも考慮して求めたものである．

　次にこれらの式に含まれている値について簡単に説明を加えておこう．

　接触円等値半径 a は，輪荷重の大きさが与えられれば式(8・1)より求められる．コンクリートの弾性係数 E およびポアソン比 μ の値は，コンクリートの配合などによって異なるが，$E = (3.43 \pm 0.29) \times 10^4\,\mathrm{N/mm^2}$，$\mu = 0.20 \sim 0.25$ 程度の値である．支持力係数 K は平板載荷試験を行って径 75 cm の載荷板のときの値に換算すればよい．

　設計にあたっては，式(8・13)あるいは式(8・14)で求めた曲げ応力 σ が許容曲げ応力 σ_a より小さければよい．許容曲げ応力は破壊曲げ応力を安全率で割ればよいが，この安全率をいくらにとったらよいかについては疑問の余地がある．従来安全率を 2 とすれば一応安全であるとしている．

8・8 舗装の構造に関する技術基準

自動車の輪荷重 49.0 kN に耐えうることを基本にして，自動車が安全かつ円滑に運行できる構造の舗装を目指して，平成 13 年 4 月 25 日に道路構造令が改正されるとともに，車道および側帯の舗装の構造の基準に関する省令が制定された．これらの政省令の施行にあわせて舗装の構造に関する技術基準が定められたが，ここではこの技術基準について紹介することにする．なお，細部については「舗装の構造に関する技術基準・同解説」（平成 13 年 7 月，日本道路協会）を参照されたい．

（1） 舗装計画交通量

舗装計画交通量は次のようにして決める．一方向 2 車線以下の道路においては，その道路の大型自動車の方向別日交通量のすべてが 1 車線を通過するものとする．一方向 3 車線以上の道路においては，大型自動車の方向別日交通量の 70％以上が 1 車線を通過するものとする．

（2） 舗装の性能指標

舗装を設計する前に，その地域の地質・気象の状況，道路の交通状況，沿道の土地利用の状況等を考慮して，その舗装の性能指標およびその値を定める．その性能指標の値は，原則として施行直後の値とするが，必要に応じて一定期間後の値を定めることもある．

舗装の性能指標として考えられているものには次のようなものがある．

（a） **疲労破壊輪数** 舗装路面に 49.0 kN の輪荷重を繰返し加えた場合に，舗装にひび割れが生ずるまでに要する回数である．

（b） **塑性変形輪数** 舗装の表層の温度を 60℃とし，舗装路面に 49.0 kN の輪荷重を繰返し加えた場合に，路面が下方に 1 mm 変位するまでに要する回数である．

（c） **平たん性** 舗装道の車道（車線数 2 以上の道路においては各車線）において，その車道の中心線から 1 m 離れた中心線に平行な 2 本の線のいずれか一方の線上において測定する．その線上延長 1.5 m につき 1 箇所以上選定した任意の地点において，舗装路面と想定平たん舗装路面との高低差を測定し，その高低差の平均値に対する標準偏差でもって表す．

（d） **浸透水量** 直径 15 cm の円形の舗装路面下に 15 秒間に浸透する水量

(ml)で表わす．

必要に応じて，すべり抵抗，耐骨材飛散，耐摩性，騒音の発生の減少等の観点から性能指標を追加することがある．

(3) 舗装（車道および側帯）の性能指標の基準値

(a) 疲労破壊輪数 舗装の施工直後の疲労破壊輪数は，舗装計画交通量に応じて表8・10の値以上とする．

表8・10 疲労破壊輪数

舗装計画交通量（台/日）	疲労破壊輪数（回/10年）
3,000 以上	35,000,000
1,000 以上 3,000 未満	7,000,000
250 以上 1,000 未満	1,000,000
100 以上 250 未満	150,000
100 未満	30,000

(b) 塑性変形輪数 舗装の表層の施工直後の塑性変形輪数は，道路の区分および舗装計画交通量に応じて表8・11の値以上とする．

表8・11 塑性変形輪数

区　分	舗装計画交通量（台/日）	塑性変形輪数（回/mm）
第1種，第2種，第3種第1級および第2級並びに第4種第1級	3,000 以上	3,000
	3,000 未満	1,500
その他		500

(c) 平たん性 舗装路面の施工直後の平たん性は，2.4 mm 以下とする．

(d) 浸透水量 舗装路面の施工直後の浸透水量は，道路の区分に応じて表8・12の値以上とする．

表8・12 浸透水量

区　分	浸透水量（ml/15秒）
第1種，第2種，第3種第1級および第2級並びに第4種第1級	1,000
その他	300

問　題

8・1　道路の横断面の構造について述べ，その各部分の役割を説明せよ．

8・2　輪荷重 49.0 kN の複輪タイヤが路面に及ぼす圧力はいくらか．ただし，衝撃係数は 20％，タイヤの接触円等値半径は式（8・1）より求めた値を使用し，また荷重は接触円内において等分布するものとする．

8・3　たわみ性舗装と剛性舗装との相違を説明せよ．

8・4　JIS A 1215 に従って径 30 cm の載荷板を使って平板載荷試験を行った結果，沈下量 1.25 mm のときの荷重強度は 181 kPa であった．径 75 cm の載荷板を使ったときに換算した支持力係数を求めよ．

8・5　ある路床土の設計 CBR を求めたところ，5％の値を得た．大型車交通量 800 台/日（一方向）に対して上層路盤に粒度調整砕石，下層路盤にクラッシャラン（修正 CBR 35）を使ったアスファルト舗装の各層の厚さを決定せよ．

8・6　$P = 58.9$ kN，$h = 20$ cm，$a = 17$ cm，$E = 3.43 \times 10^4$ N/mm²，$\mu = 0.20$，$K_{75} = 98$ MN/m³ として，式（8・7）より曲げ応力 σ を計算せよ．

8・7　厚さ 25 cm，収縮目地間隔 5.0 m と 8.0 m のコンクリート舗装スラブの縦縁部におけるそり応力を，上面が下面より温度が 22.0℃ 高い場合と 12.0℃ 低い場合両方について式（8・19）により求めよ．

　　　ただし，$E = 3.14 \times 10^4$ N/mm²，$e = 0.00001$

第 9 章
路床および路盤

9・1 まえがき

　路床は，その上部に築造される表層・基層・路盤と一体となって，交通荷重を支持し，下部へ伝達する役割をもっている．

　路盤は，表層，基層を伝わってきた交通荷重をささえて，これを下部の路床へ分散伝達する．荷重を路床へ均一に伝えるためには，一様な支持力をもっていなければならない．

　路盤は通常下層路盤と上層路盤とからなる．下層路盤としては，現場近くにあるなるべく安い材料を使用するが，場合によってはセメント・石灰などで安定処理する．上層路盤としては，粒度調整工法，セメントや石灰あるいは瀝青材料による安定処理工法などがある．

9・2 路　　床

　路床面は所定の断面形状に仕上がるように，均等に締め固めなければならない．路床土が軟弱な場合には，良質土を軟弱な路床土上に盛土したり，路床の全部または一部を良質な材料で置き換えたり，石灰やセメントで安定処理したり，また路床の上部にしゃ断層を設けたりする．

　安定処理の場合，砂質土に対してはセメント安定処理がよく，シルト質土および粘性土に対しては石灰安定処理がよい．石灰には消石灰，生石灰があるが，路床土が高含水比のときには生石灰の方が効果が大きい．その配合設計は，後に述べる 9・6 節セメント安定処理工法および 9・7 節石灰安定処理工法に準じて行う．セメント安定処理のときには $1.0\,\mathrm{MN/m^2}$（7日養生），石灰安定処理のときには $0.7\,\mathrm{MN/m^2}$（10日養生）の一軸圧縮強さに対応するセメント，石灰の量

を使用すればよい．

　しゃ断層は，軟弱な路床土が路盤中に侵入してくる現象いわゆるパンピング (Pumping) を防止するために設けるものである．シルト分の少ない川砂，切込砂利または良質の山砂などを用いる．厚さ 15〜30 cm，路床の一部とみなす．軽いローラ，ブルドーザ，小型ソイルコンパクタなどで締め固める．過度の締固めはしゃ断層を荒らしたり，下部の路床土をこね返したりするので，回数を適当に少なくする必要がある．場合によっては，下層路盤の材料の一部を 10〜15 cm 程度置いて，その上から締め固めてもよい．

9・3　下層路盤

　下層路盤は現場近くにある安い地域産材料，たとえばクラッシャラン (Crusher-run, 切込砕石)，クラッシャラン鉄鋼スラグ，砂利，砂あるいは既設舗装を破砕した再生骨材を使用する．入手した材料の品質が好ましくない場合には，補足材を加えるか，セメント・石灰などで安定処理する．

（1）粒状路盤工法

　最大粒径 50 mm 以下の修正 CBR 20％ 以上，塑性指数 6 以下の粒状材料を使用する．修正 CBR 30％ 未満の材料を使用するときにはとくに締固めに留意する．1 層の仕上り厚は 20 cm 以下とし，敷きならしは通常モータグレーダで行う．転圧は，10〜12 t のロードローラと 8〜20 t のタイヤローラで行うか，これらと同等の効果のある振動ローラで行う．

（2）セメント安定処理工法

　セメント安定処理を行う望ましい材料は，修正 CBR 10％ 以上，塑性指数 9 以下のものである．セメントは，ポルトランドセメント，高炉セメントなどいずれを用いてもよい．セメントの添加量は，一軸圧縮強さ 1.0 MPa に相当するものとする．

　混合は，中央混合方式によることもあるが，一般に路上混合方式による．混合が終わったら，モータグレーダなどで粗ならしを行い，タイヤローラで軽く締め固めてのち整形，舗装用ローラで締め固める．1 層の仕上り厚さは 15〜30 cm になるようにする．転圧後は直ちに交通に解放してよいが，含水比を一定に保ち，表面を保護するためにシールコートを施すこともある．

(3) 石灰安定処理工法

石灰安定処理材として望ましい骨材は，修正 CBR 10％以上，塑性指数 6～18 のものである．石灰は，通常消石灰を用いるが，含水比が高い場合には生石灰を用いることがある．石灰の添加量は，一軸圧縮強さ $0.7\,\mathrm{MN/m^2}$ に相当するものとする．

混合は，セメント安定処理工法と同じく，中央混合方式によることもあるが，一般に路上混合方式による．以後の施工もセメント安定処理工法とほぼ同じで，仕上り厚さも 15～30 cm になるようにする．

9・4 上 層 路 盤

(1) 工　法

上層路盤の工法として，粒度調整工法，セメント安定処理工法，石灰安定処理工法，歴青安定処理工法，セメント・歴青安定処理工法，浸透式工法などがある．詳しくは，9・5 節以降に述べる．

(2) 道路用砕石

上層路盤に用いる砕石は通常何号砕石と呼んでいるが，その粒度は表 9・1 のとおりである．

(a) 品　質

砕石の質は均等で，清浄・強硬・耐久的でなければならず，また，ごみ・どろ・有機物などを有害量含んでいてはならない．材質は表 9・2 を満足する必要がある．

(b) 試験方法

試料は 25 kg 以上を採って，試験に供する．

(i) 比重および吸水量　　JIS A 1110-1951 (粗骨材の比重および吸水量試験方法) に従って測定する．試料は 4 分法に従って 10 mm 以上の粗骨材を，最大寸法が 25 mm 以下のときには約 2 kg，25 mm 以上のときには約 5 kg を採る．これを十分洗って後，15～25°C の水中で 24 時間吸水させる．次いで，水中から取り出して水を切り，吸水性の大きい布で目に見える水膜をぬぐい去る．このいわゆる表面乾燥飽和状態の試料の空気中質量 B を測る．後にこの試料を直径約 20 cm，高さ約 20 cm の金網かごの中に入れて水中につけ，試料の水中質

表9・1　砕石名称に対応する粒度（JIS K 5001）

砕石名称	大きさの範囲(mm)	粒度（通過質量百分率%） ふるいの種類(mm)											
		106	75	63	53	37.5	31.5	26.5	19	13.2	4.75	2.36	1.18
1号(S-80)	80~60	100	85~100	0~15									
2号(S-60)	60~40		100	85~100	—	0~15							
3号(S-40)	40~30				100	85~100	0~15						
4号(S-30)	30~20					100	85~100	—	0~15				
5号(S-20)	20~13							100	85~100	0~15			
6号(S-13)	13~5								100	85~100	0~15		
7号(S-5)	5~2.5									100	85~100	0~25	0~5

表9・2　砕石の材質の目標値

項目 ＼ 用途	表層・基層	上層路盤
表乾比重	2.45 以上	
吸水量 (%)	3.0 以下	
すりへり減量 (%)	30 以下	50 以下

量 C を測る．水中から取り出した試料は 100~110℃ で乾燥，室温まで冷やしてその質量 A を測る．以上の測定結果に基づいて次の計算を行う．

$$比重（表面乾燥飽和状態）= \frac{B}{B-C} \quad (9・1)$$

$$吸水量（質量百分率）= \frac{B-A}{A} \times 100(\%) \quad (9・2)$$

（ⅱ）**ロサンゼルス試験機によるすりへり試験**　JIS A 1121-1954（ロサンゼルス試験機による粗骨材のすりへり試験方法）に準じて行う．

ロサンゼルス試験機は，内径 71.0 cm，内側の長さ 51.0 cm の両端の閉じた鋼

製の円筒で，これに水平回転軸が取りつけられている．円筒の内部には，長さが円筒の長さに等しく，円筒の半径方向に 8.9 cm だけ突き出したたなが取りつけてある．

試料は 105～110℃ の温度で乾燥し，これを 5,000 ± 10 g 使う．この砕石といっしょに，径 4.75 cm，質量 390～445 g の鋼球を砕石の大きさに応じて 6～15 個試験機の円筒中に入れ，毎分 30～33 回の回転速度で 500 回回転させる．のち試料を取り出して 1.7 mm ふるいでふるい，ふるいに残った試料を水洗後 105～110℃ の温度で乾燥し，その質量を測定する．求めるすりへり減量は次の式で計算されるものである．

$$すりへり減量 = \frac{すりへり損失質量}{試験前の試料の質量} \times 100 \quad (\%) \qquad (9 \cdot 3)$$

ただし　すりへり損失質量 =（試験前の試料の質量）
　　　　　　　　　　　　　－（試験後 1.7 mm ふるいに残った試料の質量）

9・5　粒度調整工法

粒度調整工法というのは，良好な粒度になるように調整した骨材を敷きならして締め固めるものである．

（1）材　　料

骨材としては粒度調整砕石，粒度調整鉄鋼スラグ，水硬性粒度調整鉄鋼スラグなどが用いられる．最大粒径は 40 mm，望ましい粒度は表 9・3 のとおりである．修正 CBR 80 % 以上，塑性指数 4 以下でなければならない．

表 9・3　粒度調整を行う材料の望ましい粒度

ふるい目 (mm)	通過量（質量%）
53	100
37.5	95～100
19	60～90
2.36	20～50
0.075	2～10

(2) 施　　工

施工は，混合・敷きならし・締固めの順序で行う．締固めが終わった路盤上にはプライムコートを施す．

(a) 材料の混合・敷きならし　　混合には中央混合方式と路上混合方式とがある．混合の均一性，含水比・厚さの管理などの点を考えると中央混合方式が優れているので，通常この方式によっている．在来の路盤に補充する材料をもち込んで混合する場合には路上混合方式による．

(i) 中央混合方式　　中央混合方式には，連続ミキサ付プラントによる場合とバッチミキサ付プラントによる場合とがある．材料を計量してこれらをミキサの中に入れて混合する．混合した材料はダンプトラックで現場に運ぶ．

以上のようにして現場に運んだ材料は，モータグレーダ，アグリゲートスプレッダ，ベースペーバあるいは人力を使って，余盛を考慮して所定の形に敷きならす．敷きならし厚さは，各層ごとに仕上り厚さが15cm以下になるようにすることが望ましい．なお，敷きならした材料は，タイヤローラで一通り軽く転圧したのち，再び整形する．

(ii) 路上混合方式　　路上混合方式は，通常横軸式ロードスタビライザを用いる．この横軸式ロードスタビライザは，敷き広げた路盤材料を，進行方向に直角のロータ軸に取りつけたタインで混合するものである．

混合すべき材料は，粒径の大きいものから順に敷きならし，のち混合する．混合の終わった材料の敷きならし厚さは，各層ごとに仕上り厚さが15cm以下になるようにすることが望ましい．

(b) 締固め　　形が整ったら，所定の密度になるまで十分に締め固める．締固めのときの含水比は，常に最適含水比を目標に調節する．締固めには，8t以上のタイヤローラ，10t以上のマカダムローラ，または4t以上の振動ローラなどが用いられる．

路盤面にはプライムコートを施す．路盤の上の層の施工は，プライマーが十分に浸透し，揮発分が逃げてから行う．

なお，コンクリート舗装の場合，粒度調整材料路盤の上部にはアスファルト中間層を設けることがある．アスファルト中間層としては，通常最大粒径13mmの骨材の密粒度アスファルトコンクリートを使用する．施工は加熱混合式

による．アスファルト中間層の厚さは4cm程度，その表面には，コンクリートの舗設に先立ってフィラーを塗布する．塗布は，フィラーと水を1：1の割合で混合して3l/m²程度行う．

9・6 セメント安定処理工法

土にセメントを混ぜ，水を加えて混合し土を固めたものがセメントによる安定処理土すなわちソイルセメント(Soil cement)である．

その目的とするところは，表層に加わる交通荷重を支え，広く分布させて下に伝えるとともに，次のようなことが考えられる．

ⅰ）安定処理して層の強度を増し，含水量の変化に基づく強度の減少をなるべく少なくする． ⅱ）この層の不透水性を増し，とくに寒地においては凍害の防止に役立てる． ⅲ）乾燥湿潤などの気象作用に対する抵抗性すなわち耐久性を増加させる．

(1) 材 料

セメントは，ポルトランドセメント，高炉セメント，シリカセメントのいずれを使用してもよい．また，フライアッシュをセメントといっしょに用いれば，セメント安定処理土の強度その他の性質が改良されるので，ときには併用することもある．

土材料としては，地域産材料を用いるか，あるいはこれに砕石，砂利，スラグ，砂などの補足材を加えて合成したものを用いる．多量の軟石やシルト，粘土の塊を含んでおらず，修正CBR 20％以上，塑性指数は9以下であることが望ましい．また，望ましい粒度範囲は表9・4のとおりである．

表9・4 セメント安定処理を行う材料の望ましい粒度範囲

ふるい目 (mm)	通過量（質量%）
53	100
37.5	95～100
19	50～100
2.36	20～60
0.075	0～15

（2）配 合 設 計

通常次の順序で配合設計を行う．

ⅰ）土の自然含水比・粒度・液性限界・塑性限界を測定する．
自然含水比が最適含水比より大きいときには乾燥させ，粒度が不良，塑性指数が9より大きい場合には，表9・4の粒度になるように粒度調整する．

ⅱ）以上の土に適当と予想されるセメント量，通常4％程度を加え，この混合物に対してJIS A 1210に従って締固め試験を行い，最適含水比と最大乾燥密度を求める．

ⅲ）ⅱ）で得た最適含水比で，適当と予想されるセメント量を中心にして1％または2％おきにセメントを加えて供試体を作る．

供試体の数は同一セメント量に対して3本以上とし，これらを良質の薄紙などで包み，その上をパラフィンで十分被覆する．これを6日間，温度約20°Cの室内に静置し，ついで同じく約20°Cの水中に24時間置き，のち一軸圧縮試験を行う．

ⅳ）同一セメント量の供試体に対する一軸圧縮強さを平均し，セメント量と一軸圧縮強さとの関係を図示する．この図より一軸圧縮強さ $2.9\,\mathrm{MN/m^2}$ に相当するセメント量を求め，これを使用する．

以上は圧縮試験を主体にした配合設計法であるが，特別な場合に行うものとして，耐久性をみるための乾湿試験および凍結融解試験，あるいは有機物・硫酸塩に対する試験などがある．

（3）施　　　工

施工は混合・敷きならし・締固め・プライマーの散布の順序で行う．以下述べることを除いては，粒度調整工法に準じて施工すればよい．

（a）材料の混合・敷きならし　混合には中央混合方式と路上混合方式とがあるが，土とセメントとの均一な混合を考えると中央混合方式が望ましい．

（ⅰ）中央混合方式　まずセメントを，ベルトコンベア上の土に所要の量だけ添加する．この土とセメントとの混合物に，施工現場で最適含水比になるように水を添加する．この材料をミキサで混合，現場に運搬し，敷きならす．

（ⅱ）路上混合方式　土を敷きならしたのち，その上にセメントを均一に散布し，1～2回ロードスタビライザでから練りする．その後所要の水を加え

ながら混合する．

（b）**締固め**　敷きならした路盤材は，硬化が始まる前までに締固めが完了するように速やかに締め固める．1層の仕上り厚さは10〜20 cmを標準とする．1層締固めが困難な場合には等厚2層で締め固める．1層10 cm以下の厚さの締固めは望ましくない．

（c）**プライムコート**　締固めが終わったら0.5〜1.0 l/m^2 程度のアスファルト乳剤を散布してプライムコートとする．表層を置く前に工事の都合などで交通に開放する場合には，荒目砂を散布しておく．しかし，セメント安定処理層はすりへりに弱いので，あまり長い間車の通行を許してはならない．

9・7　石灰安定処理工法

上層路盤としてこの工法が用いられることは稀であるが，良好な地域産材料が得られるときに採用されることがある．

（1）**材　料**

工業用石灰（消石灰）のうち，一般に1号（CaO 70.0％以上）を用いる．石灰安定処理を行う材料の望ましい粒度範囲は表9・5のとおりで，修正CBR 20％以上，塑性指数6〜18が望ましい．細粒分が少ない場合には，フライアッシュあるいは塑性指数12以下の細粒土を加えると効果がある．

表9・5　石灰安定処理を行う材料の望ましい粒度範囲

ふるい目(mm)	通過量（質量％）
53	100
37.5	95〜100
19	50〜100
2.36	20〜60
0.075	2〜20

（2）**配　合　設　計**

処理しようとする材料に，石灰量を変えて加え，そのそれぞれについて，最適含水比を求める．各配合の供試体をその最適含水比で作り，9日室内養生，1日水浸後一軸圧縮試験を行う．この試験結果から一軸圧縮強さ1.0 MN/m^2に

対応する石灰量を求め，これを添加量とする．

（3）施　工

通常中央混合方式で行う．1層の仕上り厚さは10～20cmを標準とする．締固めは最適含水比よりやや湿潤側で行うことが望ましい．その他，粒度調整工法およびセメント安定処理工法に準じて行えばよい．なお，コンクリート舗装の場合，石灰安定処理路盤の上にはかならずアスファルト中間層を設ける．

9・8 瀝青安定処理工法

単粒度砕石や砂などを適当な比率で配合したもの，あるいは地域産材料や切込砕石に必要に応じて補足材料を加えたものに瀝青材料を添加して安定処理する工法である．この工法はたわみ性・耐久性に富み，平坦性が得られやすく，また早期に交通開放することができる．

瀝青材料・配合設計法・施工法などは後に述べる瀝青系舗装に準ずればよいが，ここではとくに上層路盤としての瀝青安定処理工法に特有なことについて述べる．

（1）材　料

瀝青材料としては，第10章で述べる舗装用石油アスファルトあるいはアスファルト乳剤を使う．舗装用石油アスファルトとしては，通常表層と同じ針入度のもの，たとえば60～80または80～100のものを使い，加熱混合方式により処理することが多い．このように加熱混合したものをとくに加熱アスファルト安定処理という．

瀝青安定処理を行う材料の望ましい粒度は，表9・6のとおりであり，また塑

表9・6　瀝青安定処理を行う材料の望ましい粒度範囲

ふるい目 (mm)	通過量(質量%)
53	100
37.5	95～100
19	50～100
2.36	20～60
0.075	0～10

性指数は9以下のものがよい．吸水性の著しい砕石や軟石・シルト・粘土などを含んでいてはいけない．なるべく地域産材料を使用するが，粒度がとくに不適当なときには砕石・砂利・スラグ・砂などを加えて調整する．

(2) 配合設計

設計アスファルト量は経験によるか，あるいはマーシャル試験によって決めるが，通常4～6％程度である．マーシャル試験については10・5節で述べる．マーシャル試験に対する基準値は表9・7のとおりである．細粒分が少なくて安定度が低い場合にはフィラーを加えればよい．

表9・7 マーシャル試験に対する基準値

種　　類	常温混合	加熱混合
マーシャル安定度 (kN)	2.45以上	3.43以上
フロー値 (1/100 cm)	10～40	
空　隙　率 (%)	3～12	
突　固　め　回　数	50	

(3) 施　　工

後に述べる歴青系舗装の表層・基層と同じ要領で施工する．以下，歴青安定処理工法特有のことについて述べる．加熱混合による工法には1層の仕上り厚さを10cm以内で行う一般工法と，それ以上の厚さで行うシックリフト工法がある．シックリフト工法は大規模工事，急速施工の工事あるいは空港の舗装などによく用いられる．

(a) 一般工法　　歴青安定処理路盤材は，表層・基層用混合物に比べるとアスファルト量が少ないので一般に混合時間が長い．混合性をよくするためにフォームドアスファルト(後述)を使うこともある．敷きならしには，通常アスファルトフィニッシャを使用するが，モータグレーダを使うこともある．

(b) シックリフト工法　　敷きならし厚が厚いので，作業が途切れないようにプラントの製造能力に配慮する必要がある．また，敷きならし時の混合物の温度は110℃以下にならないようにする．敷きならしは通常アスファルトフィニッシャを使用するが，ブルドーザやモータグレーダを使うこともある．

9・9 セメント・歴青安定処理工法

セメント・歴青安定処理工法は，舗装発生材・地域産材料またはこれらに補足材を加えたものを使い，これにセメントおよび歴青材を加えて処理したもので，適度な剛性と変形に対する追随性をもっている．

(1) 材　料

セメントは，セメント安定処理工法の場合と同じくポルトランドセメント・高炉セメント・シリカセメントのいずれかを用いる．歴青材料は，石油アスファルト乳剤(MN-1)を使う．また発泡させたフォームドアスファルトを使い，舗装用石油アスファルトを混合しやすいようにすることもある．

セメント・歴青安定処理を行う材料の望ましい粒度範囲は表9・8のとおりで，また修正 CBR は 20 %以上，塑性指数は 9 以下が望ましい．

表9・8　セメント・歴青安定処理を行う材料の望ましい粒度範囲

ふるい目 (mm)	通過量(質量%)
53	100
37.5	95〜100
19	50〜100
2.36	20〜60
0.075	0〜15

(2) 配 合 設 計

セメント・歴青安定処理の配合設計は，一軸圧縮試験の結果に基づき行う．まずアスファルト乳剤量を，材料の粒度と既設アスファルト混合物(舗装発生材)の混入率より次の式によって求める．

$$P = 0.04a + 0.07b + 0.12c - 0.013d \tag{9・4}$$

ただし　$P =$ 混合物全量に対するアスファルト乳剤の質量百分率(%)

　　　　$a = 2.36\,\mathrm{mm}$ ふるいに残留する部分の質量百分率(%)

　　　　$b = 2.36\,\mathrm{mm}$ ふるいを通過し，$0.075\,\mathrm{mm}$ ふるいに残留する部分の質量百分率(%)

　　　　$c = 0.075\,\mathrm{mm}$ ふるいを通過する部分の質量百分率(%)

　　　　$d =$ 既設アスファルト混合物(舗装発生材)の混入率(%)

この式(9・4)によって求めたアスファルト乳剤量と適当と予想されるセメント量，通常2.5％程度とを安定処理を行う材料に加えて最適含水比を求める．この含水比でセメント量を2％おきに変えて供試体を作り，6日室内養生，1日水浸後一軸圧縮試験を行う．この試験より求めた一軸圧縮強さや変位の状況などから添加するセメント量を決定する．(細部については「路上再生路盤工法技術指針(案)」(昭和62年)参照)．

（3） 施　　工

安定処理路盤材を路上混合方式または中央混合方式によって製造し，敷きならし，締め固めて仕上げる．混入する破砕舗装発生材の粒径はおおむね50mm以下とする．

材料・セメント・アスファルト乳剤混合後は，速やかに敷きならし，タイヤローラで初期転圧を行う．ついでモータグレーダで整形し，8～15tのタイヤローラと10t以上のロードローラを用いて締め固める．厚さが20cm以上の場合には振動ローラを用いる．締固めが終わったら，アスファルト乳剤などを使ってシールコートまたはプライムコートを施す．

9・10　浸透式工法

交通量の少ないときに用いることがある．敷き広げた骨材の上からストレートアスファルト・アスファルト乳剤などの瀝青材料を散布して浸透させ，骨材のかみ合せと瀝青材料の粘着力によって安定な層を作る工法である．瀝青材料の状態に応じて加熱して散布する方式と常温のまま散布する方式とがある．

（1） 材　　料

瀝青材料としては次のようなものが使用される．

（a）　ストレートアスファルト　　施工時期，地方に応じて針入度80～150のものを使う．その地方における経験によって決めることが多いが，一般に温暖地方で80～100または100～120のもの，寒冷地方で100～120または120～150のものを使用する．

（b）　アスファルト乳剤　　通常浸透用のPK-1，冬期にはPK-2を使用する．

骨材としては，主骨材・くさび骨材・目つぶし骨材を使用する．その寸法お

表9・9 浸透式工法の例（100 m³ あたり）

歴青材料の種類	ストレートアスファルト		アスファルト乳剤	
舗装厚(cm)	5	7	5	7
骨材(40～60 mm)(m³)	5.0	5.0	5.0	5.0
歴青材料(l)	230	230	250	250
骨材(20～30 mm)(m³)	1.5	3.0	—	3.0
歴青材料(l)	130	200	—	200
骨材(13～20 mm)(m³)	—	1.5	1.5	1.5
歴青材料(l)	—	120	200	200
骨材(5～13 mm)(m³)	1.0	1.0	1.0	1.0
歴青材料(l)	100	100	150	150
骨材(2.5～5 mm)(m³)	0.5	0.5	0.5	0.5
骨材使用量(m³)	8.0	11.0	8.0	11.0
歴青材料使用量(l)	460	650	600	800

よび使用量ならびに歴青材料の使用量の例を示したものが表9・9である．

（2）施　　工

　施工は，まず主骨材を散布して十分に締め固め，その上に歴青材料を散布する．ついで直ちにくさび骨材を主骨材の間隙を埋めるようにして散布し転圧，その上に歴青材料を撒く．つづいて目つぶし骨材を散布転圧，その上に歴青材料を散布，これを繰り返して最後に目つぶし骨材を散布して締め固めて仕上げる．表9・9の材料を上から順次散布してゆくのである．

問　　題

9・1 現在住んでいる都市で使っている道路用砕石の産地と石質を調査せよ．

9・2 締め固めた場合乾燥密度 1.65t/m³ の土に 9％のセメントを加えてセメント安定処理土を作る場合，もしできたセメント安定処理土の乾燥密度がもとの土と同じとすれば，セメント安定処理土 1m³ あたりに必要なセメント量はいくらか．また，このセメント安定処理土を使って厚さ 20 cm の上層路盤を作るとすれば，100 m² 当りに必要なセメントは何袋か．ただし，1袋は 40 kg 入りとする．

9・3 下表のような骨材で上層路盤を作るとして，粒度調整・セメント安定処理・歴青安定処理の各工法に対して，どの材料が適当か．

ふるい (mm)	通過量(%)			
	No. 1	No. 2	No. 3	No. 4
37.5	96	98	100	100
19	72	59	80	92
2.36	41	32	53	73
0.075	9	7	12	32

第10章 アスファルト舗装

10・1 まえがき

　アスファルト舗装はたわみ性舗装の代表的なもので，舗装の上部を形成する表層・基層として瀝青材と骨材との混合物を締め固めたものを用いる．工法としては，瀝青材・骨材その他の材料，舗装の目的・箇所などの相違に応じて多くのものがある．ここでは，そのうち現在使用されている主なものについて述べる．

　なお，日本道路協会より「アスファルト舗装要綱」が出版されている．この要綱が最初に刊行されたのは昭和25年，以後昭和35年，42年，53年，平成4年の改訂を経て今日に至っている．

10・2 瀝青材料

　二硫化炭素(CS_2)に溶ける炭化水素の混合体を瀝青(Bitumen)といい，この瀝青を含んでいるものを瀝青材料(Bituminous materials)という．この瀝青材料のうち，道路材料として使われている主なものは石油アスファルト，改質アスファルト，天然アスファルト，石油アスファルト乳剤などである．カットバックアスファルト，舗装タールなどもかつてはかなり使われていたが，いまではあまり使われていない．

（1） **石油アスファルト**(Petroleum asphalt)

　原油を蒸留して，ガソリン・ケロシンなどの油を適当に取り除いた残留物が石油アスファルトである．

　舗装用石油アスファルトはいわゆるストレートアスファルト(Straight asphalt)である．これには蒸気を吹き込んで蒸留する常圧蒸留装置によるもの

(蒸気蒸留アスファルト)と，圧力を減じて沸騰点を下げて所要時間を少なくして蒸留する減圧蒸留装置によるもの(真空蒸留アスファルト)とがある．

石油アスファルトには，他にブローンアスファルト(Blown asphalt)がある．これは，蒸留のときに空気を吹き込んで，酸化作用を起こさせて性質を変化させたものである．ストレートアスファルトに比べると温度変化の影響が少なく，粘着性に劣る．

舗装用石油アスファルトは表10・1の規格に適合していなければならない．

表10・1 舗装用石油アスファルトの規格(日本道路協会規格)

種類	40〜60	60〜80	80〜100	100〜120
針入度(25°C, 100g, 5秒)	40〜60	60〜80	80〜100	100〜120
軟化点，°C	47.0〜55.0	44.0〜52.0	42.0〜50.0	40.0〜50.0
伸度(15°C) cm	100 以上	100 以上	100 以上	100 以上
三塩化エタン可溶分%	99.0 以上	99.0 以上	99.0 以上	99.0 以上
引火点°C	260 以上	260 以上	260 以上	260 以上
薄膜加熱質量変化率%	0.6 以下	0.6 以下	0.6 以下	0.6 以下
薄膜加熱針入度残留率%	58 以上	55 以上	50 以上	50 以上
蒸発後の針入度比%	110 以下	110 以下	110 以下	110 以下
密度(15°C) g/cm^3	1.000 以上	1.000 以上	1.000 以上	1.000 以上

(2) 改質アスファルト

アスファルトにゴムあるいは熱可塑性エラストマーを混入したり，軽度に加熱した空気を吹き込んだりして性質を改めたものを改質アスファルトという．

(a) ゴム・熱可塑性エラストマー入りアスファルト　ゴムあるいは熱可塑性エラストマーを単独に，または併用して添加したものである．改質材として何を入れるかによって改質アスファルトⅠ型とⅡ型に区分される．Ⅰ型は，改質材としてスチレン・ブタジエンゴム(SBR)単独あるいは熱可塑性エラストマーを併用していて，低温伸度・把握力・粘着力が増加し，すべり止めや耐摩耗の目的に用いられる．Ⅱ型は，改質材としてスチレン・ブタジエンブロックポリマー(SBS)，スチレン・イソプレンブロックポリマー(SIS)，エチレン・酢酸ビニル共重合体(EVA)などの熱可塑性エラストマーを用い，ゴム的な性質と樹脂的な性質を併せもっており，耐流動・耐摩耗あるいはすべり止めの目的に用いられる．

（b）セミブローンアスファルト（AC-100）　加熱したストレートアスファルトに，軽度に加熱した空気を吹き込む操作を加えたものである．これによって感温性が改善され，60℃における粘度が高められる．この60℃における粘度は，一般に使用されている舗装用石油アスファルトに比べると3〜10倍高く，耐流動の目的に用いられる．

（3）天然アスファルト

天然に蒸発が行われてアスファルト状で産出するもので，天然に湖水状にたまったもの（Lake asphalt）やすき間の多い石灰岩・砂岩などに浸み込んでたまった岩石状のもの（Rock asphalt）などがある．このうち一般に使用されているものは南米のトリニダッド（Trinidad）に産するトリニダッドレイクアスファルトである．

（4）石油アスファルト乳剤（Emulsified asphalt）

石油アスファルトの微粒子（通常粒径1μm程度）を乳化剤，安定剤を入れた水の中に分散させたものを石油アスファルト乳剤という．乳化剤はアスファルト微粒子が水中に分散しやすくするために入れるもので，安定剤はアスファルト微粒子が貯蔵中に固まるのを防ぐために入れるものである．

乳化剤・安定剤として別のものを使うこともあるが，両者の作用を兼ねるものもある．せっけん・でんぷん・グリセリン・ゼラチン・ベントナイト・珪酸ソーダその他いろいろなものが使用されている．

石油アスファルト乳剤にはカチオン系（K）・アニオン系（A）・ノニオン系（N）の三つがある．カチオン系は，乳剤中に有機カチオン材を加えて，アスファルト粒子を正に帯電させたもので，通常負に帯電している骨材の表面への付着をねらったものである．アニオン系はアスファルト粒子が負に帯電したもの，またノニオン系は正にも負にも帯電していないものである．なお，アニオン系の乳剤は最近特殊用途以外にはほとんど使用されていない．

石油アスファルト乳剤は用途によって浸透用（P）と混合用（M）に分けられる．これがカチオン系と組み合わされてPK，MKの2種に，ノニオン系と組み合わされてMNになる．

石油アスファルト乳剤には，いままでに述べたものの他に，ゴム入りアスファルト乳剤とプライムコート用高浸透性乳剤がある．ゴム入りアスファルト乳

剤は接着性に優れていて，橋面舗装・すべり止め舗装などのタックコート用に使われる．プライムコート用高浸透性乳剤はプライムコート専用である．

(5) その他の瀝青材料

(a) **カットバックアスファルト** (Cut-back asphalt)　ストレートアスファルトを揮発性の石油蒸留油と混合して液状にしたもので，これを使えば施工後揮発性のものが逃げて，後にアスファルト分が残る．以前はかなり使われていたが，今ではあまり使用されていない．

石油アスファルト乳剤やカットバックアスファルトのように常温で液状であって，針入度試験を行うことができないものを液体アスファルト (Liquid asphalt) という．

(b) **舗装タール**　粗タールには，石炭を乾留するときに出てくるコールタールと，石油を熱分解してガスを製造するときに出てくるオイルタールとがある．舗装タールは，この粗タールに次のように手を加えて作ったもので，直留タール (Straight tar) とカットバックタール (Cut-back tar) の二つがある．

直留タールは，粗タールを蒸留して水分や揮発分の一部を除いたものである．カットバックタールは，粗タールを蒸留して油分とピッチ分に分けて，これらを適当に配合したものである．

アスファルトに比べると性質が劣り，現在ではほとんど使用されていない．

10・3　樹脂系結合材料

石油樹脂・エポキシ樹脂・アクリル樹脂・ウレタン樹脂をはじめいくつかの合成樹脂が特殊舗装用に使用されている．

(1) **石　油　樹　脂**

ナフサの熱分解産物のうち，重合性の強い留分を重合させた熱可塑性の樹脂である．

(2) **エポキシ樹脂**

熱硬化性の合成樹脂で，通常エポキシ樹脂を主材，アミン系化合物を硬化剤とする二液型として使用される．エポキシ樹脂は，付着性・強度・たわみ性，さらに耐水性・耐油性・耐摩耗性にも優れ，また着色も可能で，広く用いられている．

(3) アクリル樹脂

軟質アクリルポリマーをメタクリル酸メチルなどのモノマーに溶解させた樹脂である．液状で触媒添加により硬化する．硬化が速いので，冬期あるいは急ぐ施工に適している．

(4) ウレタン樹脂

硬化後の性状が弾性に富んでおり，また着色可能である．テニスコート，その他の運動施設の舗装に適している．

10・4 歴青材料の試験法

歴青材料の品質を確かめるには，多くの試験を行わなければならない．ここではそのうちの主なものについて簡単に説明しておく．なお，石油アスファルトについては JIS K 2207 に，石油アスファルト乳剤については JIS K 2208 にその試験法が規定されている．

(1) 針入度 (針度, Penetration)

アスファルトのやわらかさを識別するために，針入度試験機を使用して針入度を測定する．ある温度に保ったアスファルトに，長さ約 50.8 mm，径 1.00～1.02 mm の標準針を一定の時間貫入させる．その貫入した深さを 1/10 mm を単位として度数で表してそれを針入度という．たとえば 7 mm 入れば 70 度の針入度のアスファルトという．とくに温度・質量・時間に指定がない場合には 25°C，100 g，5 秒とし，特別な場合には 0°C，200 g，60 秒あるいは 46°C，50 g，5 秒を使用する．

(2) 軟化点 (Softening point)

環球式試験法 (Ring and ball method) による．内径 15.9 mm，高さ 6.4 mm の環に試料を詰め，この試料の上に径 9.5 mm，質量 3.5 g の鋼球を置く．これを水中につけて，この水を 5°C/分の上昇速度で加熱したとき，試料上に載っている鋼球が 25.4 mm 下がったときの温度を軟化点とする．

(3) 伸度 (Ductility)

アスファルトの粘着性を試験するもので，わが国ではダウ・スミス式伸度計を使用している．標準供試体 (もっともくびれた所で 10 × 10 mm) を 50 mm/分の速度で引っ張って，切れるまでの伸びの長さを cm 単位で表したものを伸

度としている．ストレートアスファルトは通常15℃，特別な場合には5℃，ブローンアスファルトは通常25℃の温度で行っている．

（4） 三塩化エタン可溶分

約2gの試料を三角フラスコに採り，約100ccの三塩化エタンを少量ずつ加えて溶解させ，グラスファイバフィルタペーパーを備えた沪過装置で沪過する．これより三塩化エタン不溶分（％）を求め，100からこの不溶分を引けば，三塩化エタン可溶分が求まる．

（5） 引火点 (Flash point) および発火点 (Burning point)

クリーブランド開放式引火点試験器が通常使用される．試料を内径6.35cm，深さ3.33cmの油つぼに入れて，これを5℃/分の上昇速度で加熱，小さい炎を近づけたとき，試料の表面に青い引火を認めたときの温度を引火点とする．また，さらに加熱を続行して着火試験を行い，試料が連続して燃焼を始めるときの温度を発火点とする．

（6） 薄膜加熱試験

膜厚3.2mmの試料を163℃の恒温空気温槽中で5時間加熱する．薄膜加熱質量変化率とは，試料の加熱後の質量変化量を測定して％で表したものである．また，薄膜加熱針入度残留率とは，加熱試験後に測定した針入度の試験前の針入度に対する割合を％で表したものである．

（7） 蒸 発 試 験

試料50gを所定の容器に入れて，163℃で5時間加熱したときの蒸発減量を蒸発量という．また，蒸発試験後の試料に対する針入度の試験前の針入度に対する割合を％で表したものを蒸発後の針入度比という．

10・5 アスファルト混合物の選定と設計

（1） アスファルト混合物の選定

基層および表層には，通常加熱アスファルト混合物を使用する．ここでは，この加熱アスファルト混合物を対象に述べることにする．

アスファルト混合物は，気象・地域・交通・材料などの条件および1層の仕上り厚・施工法などを考慮して選定する．表10・2はアスファルト混合物の標準配合を示したものである．

表10・2 加熱アスファルト混合物の標準配合(アスファルト舗装要綱)

混合物の種類		①粗粒度アスコン	②密粒度アスコン	③細粒度アスコン	④密粒度ギャップアスコン	⑤密粒度アスコン	⑥細粒度アスコン	⑦細粒度アスコン	⑧密粒度ギャップアスコン	⑨開粒度アスコン
		(20)	(20)	(13)	(13)	(20 F)	(13 F)	(13 F)	(13 F)	(13)
仕上り厚 (cm)		4〜6	4〜6	3〜5	3〜5	4〜6	3〜5	3〜5	3〜4	3〜5	3〜4
最大粒径 (mm)		20	20	13	13	13	20	13	13	13	13
通過質量百分率 (%)	26.5 (mm)	100	100				100				
	19	95〜100	95〜100	100	100	100	95〜100	100	100	100	100
	13.2	70〜90	75〜90	95〜100	95〜100	95〜100	75〜95	95〜100	95〜100	95〜100	95〜100
	4.75	35〜55	45〜65	55〜70	65〜80	35〜55	52〜72	60〜80	75〜90	45〜65	23〜45
	2.36	20〜35	35〜50	50〜65	30〜45	40〜60	45〜65	65〜80	30〜45	15〜30
	0.6	11〜23	18〜30	25〜40	20〜40	25〜45	40〜60	40〜65	25〜40	8〜20
	0.3	5〜16	10〜21	12〜27	15〜30	16〜33	20〜45	20〜45	20〜40	4〜15
	0.15	4〜12	6〜16	8〜20	5〜15	8〜21	10〜25	15〜30	10〜25	4〜10
	0.075	2〜7	4〜8	4〜10	4〜10	6〜11	8〜13	8〜15	8〜12	2〜7
アスファルト量 (%)		4.5〜6	5〜7	6〜8	4.5〜6.5	6〜8	6〜8	7.5〜9.5	5.5〜7.5	3.5〜5.5

(注) ( ) 内の数字は骨材の最大粒径を，またFはフィラーを多量用いることを示す．

　混合物は，粗骨材の割合と粒度分布の形によって，粗粒度・密粒度・細粒度・開粒度に分けられ，そのうちでとくに粒度分布の不連続なものをギャップという．また，アスファルト混合物を締め固めたものをアスファルトコンクリート(略称アスコン)ということがある．

　粗粒度アスファルトコンクリートは基層に，密粒度・細粒度・密粒度ギャップアスファルトコンクリートは表層に用いられる．積雪寒冷地域における表層には，比較的ギャップが用いられることが多く，また通常耐摩耗性に優れているフィラーの多い混合物が用いられる．

　骨材の最大粒径20 mmのものは13 mmのものより，耐流動性・耐摩耗性・すべり抵抗性に優れているが，耐水性・ひびわれに対する抵抗性に劣っている．

(2) 瀝青混合物の設計

　道路に使用する瀝青混合物の満足しなければならない条件は次のようなものである．

　 i) 安定性，すなわち自身破壊したり，変形を残したりすることなく，荷重

を下方へ伝えること．　ⅱ）耐久性．　ⅲ）施工時のワーカビリチー．
ⅳ）表層におけるすべり抵抗性と表面仕上げの容易さ．

（a）瀝青材の選定　瀝青材としては通常 40～60, 60～80, 80～100 の針入度のものを使用するが，その選定に際しては次のようなことを考慮する．

ⅰ）瀝青材の粘度と硬化速度．　ⅱ）使用する骨材の性質．　ⅲ）工法．
ⅳ）気象条件．

（b）骨材の選定　工法に応ずる骨材の粒度については，工法を説明するときに述べることにする．骨材のうち粗骨材の性質としては，次のようなことが必要である．

ⅰ）材質が均一で，硬くて風化に対して強く，熱によって変質しない．　ⅱ）偏平なもの，細長いものなどを含まない．　ⅲ）泥土・ごみ・有機物などの有害量を含まない．　ⅳ）すりへり抵抗が大きい．

粗骨材としては砕石・玉砕・砂利・鉱さい（鉄鋼スラグ）などがある．細骨材としては天然砂・人工砂などを用いるが，均質で硬く，ごみ・泥土などの有害量を含んでいてはならない．

以上の他，アスファルトコンクリート舗装発生材を機械破砕または熱解砕して作ったアスファルトコンクリート再生骨材が使われることがある．これに所定の品質が得られるように補足材料や再生用添加剤を加えて再生加熱アスファルト混合物を作るのである．また，目的に応じて硬質骨材・明色骨材・着色骨材などを用いる．

（c）フィラーの選定　フィラー（Filler）はアスファルトとともに骨材の間隙をみたし，混合物の安定性や耐久性を向上させる．フィラーは十分に乾いていて（水分 1.0 ％以下），200°C に熱しても変質せず，固まりのないこと，また粒度は 0.6 mm 通過 100 ％, 0.15 mm 通過 90 ％以上, 0.075 mm 通過 70 ％以上であることが必要である．

石灰岩を粉砕した石粉がもっとも多く用いられ，そのほか消石灰・セメント・フライアッシュ・回収ダスト・石灰岩以外の岩石の石粉なども使用される．ただし，石灰岩の石粉以外を用いるときは，その性状を検討する必要がある．

フィラー中の 0.075 mm ふるい通過分のアスファルト量に対する比率は，一般地域で 0.8～1.2 程度，積雪寒冷地域で 1.3～1.6 程度である．

（d）配合設計 配合を最終的に決定するには，作製した混合物について試験を行ってみる必要がある．わが国では通常マーシャル安定度試験（Marshall test）を行っている．なお，同一の材料と配合で良好な結果を得た経験がある場合，または小規模な舗装工事の場合などでは，マーシャル安定度試験を省略することがある．

図10・1 マーシャル安定度試験

表10・3 マーシャル安定度試験に対する基準値（アスファルト舗装要綱）

混合物の種類		①粗粒度アスコン (20)	②密粒度アスコン (20)	②密粒度アスコン (13)	③細粒度アスコン (13)	④密粒度ギャップアスコン (13)	⑤密粒度アスコン (20 F)	⑤密粒度アスコン (13 F)	⑥細粒度ギャップアスコン (13 F)	⑦細粒度アスコン (13 F)	⑧密粒度ギャップアスコン (13 F)	⑨開粒度アスコン (13)
突固め回数	C交通以上	75	75	75	75	75	50	50	50	50	50	75
	B交通以下	50	50	50	50	50	50	50	50	50	50	50
空隙率 (%)		3〜7	3〜6	3〜6	3〜7	3〜5	3〜5	3〜5	3〜5	2〜5	3〜5	—
飽和度 (%)		65〜85	70〜85	70〜85	65〜85	75〜85	75〜85	75〜85	75〜85	75〜90	75〜85	—
安定度 (kN)		4.90以上	4.90以上 (7.35以上)	4.90以上 (7.35以上)	4.90以上	4.90以上	4.90以上	4.90以上	4.90以上	3.43以上	4.90以上	3.43以上
フロー値 (1/100 cm)		20〜40	20〜40	20〜40	20〜40	20〜40	20〜40	20〜40	20〜40	20〜80	20〜40	20〜40

（注）（1） 積雪寒冷地域の場合や，C交通であっても流動によるわだち掘れのおそれの少ない所では突固め回数を50回とする．
　　（2） 安定度の(7.35以上)はC交通以上で突固め回数75回の場合である．
　　（3） 水の影響を受けやすいと思われる混合物またはそのような箇所に舗設される混合物は，次の式で求められる残留安定度が75%以上であることが望ましい．
　　　　残留安定度(%) = (60℃，48時間水浸後の安定度(kN)/安定度(kN)) ×100

10・5 アスファルト混合物の選定と設計　**183**

　供試体の寸法は径 10.16 cm, 高さ 6.35 ± 0.13 cm で, これに図 10・1 のように荷重を加える. 供試体の温度は 60 ± 1°C で, 5.0 ± 0.5 cm/分の速度をもって載荷して荷重の最大値を求め, 同時にそれまでの圧縮量を求める. この荷重の最大値を安定度, 圧縮量を 1/100 cm 単位で示したものをフロー値という. 供試体についてはあらかじめ密度・空隙率およびアスファルトが骨材の間隙を占めている割合すなわち飽和度を求めておく.

　以上の各値が表 10・3 の基準値に合えばよい. 通常アスファルト量を 0.5% の差をおいて作った 5～6 種の供試体について試験し, 図 10・2 のように各供試体ごとのアスファルト量を横軸に, 密度・空隙率・飽和度・安定度・フロー値

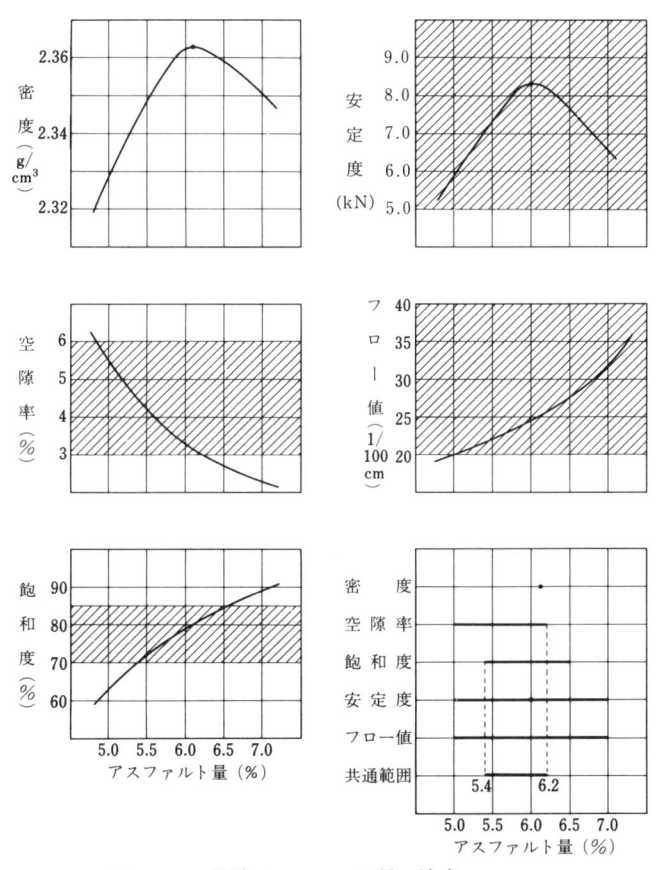

図 10・2　設計アスファルト量の決定

を縦軸にとってプロットする．そして図のようになめらかな線で結ぶ．

この図10・2よりそれぞれの値について表10・3に示す基準値を満足するアスファルト量の範囲を求め，さらにすべての基準値を満足するアスファルト量の範囲(共通範囲)を求める．通常その中央値を設計アスファルト量としている．図10・2の例は密粒度アスファルトコンクリートに対するもので，基準値を満足するアスファルト量の共通範囲は5.4～6.2%，したがって通常その中央値5.8%が設計アスファルト量である．

10・6　加熱混合式工法

混合所(プラント(Plant))において，加熱アスファルト混合物を適切な温度管理・品質管理のもとにおいて製造し，ダンプトラックのような運搬車で現場まで運搬して舗設するものである．通常表層・基層として使用される．

加熱アスファルト混合物の混合所には，混合方式によりバッチ式と連続式とがある．前者はバッチごとに各材料を計量し，ミサキに投入・混合するもの，後者はフィーダにより連続的に各材料を計量し，ドラムドライヤあるいは連続パグミルミキサに投入して混合するものである．一般にはバッチ式プラントが使用されている．図10・3はバッチ式によるプラント混合の機構の例を示したものである．

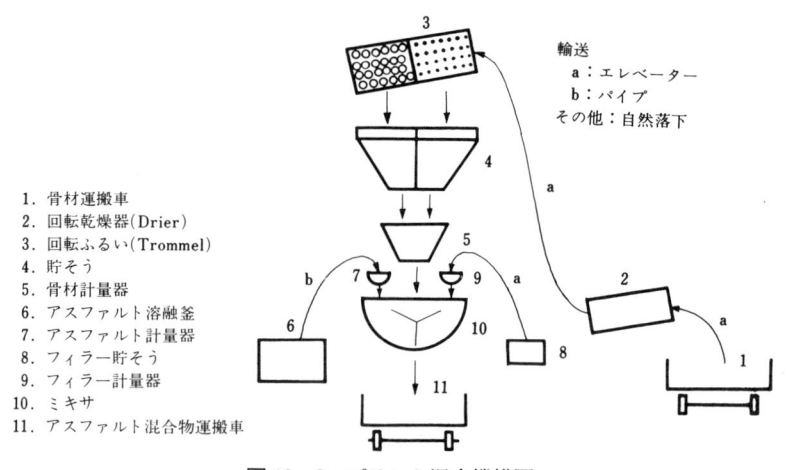

1. 骨材運搬車
2. 回転乾燥器(Drier)
3. 回転ふるい(Trommel)
4. 貯そう
5. 骨材計量器
6. アスファルト溶融釜
7. アスファルト計量器
8. フィラー貯そう
9. フィラー計量器
10. ミキサ
11. アスファルト混合物運搬車

輸送
　a：エレベーター
　b：パイプ
　その他：自然落下

図10・3　プラント混合機構図

混合物の混合温度は185°C以下で，アスファルトの動粘度150〜300センチストークス（セイボルトフロール度75〜150秒）になるような温度範囲のなかから選ぶ．骨材は，この混合温度を確保できるようにあらかじめ試験練りによって決めた温度で加熱し，アスファルトは通常混合温度に加熱する．

バッチ式における混合は，まず骨材・フィラーをミキサに投入して5秒以上から練りして後アスファルトを注入する．そしてアスファルトが骨材表面を被覆するまで混合を続ける．通常30〜50秒程度である．できあがった混合物は通常ダンプトラックで現場まで運搬する．

舗設の順序は次のとおりである．

（a）**路盤または基層の清掃**　ごみや泥・浮石その他の不純分を除き，規定の出来形どおりになっていない所は修正する．清掃にはほうき・ブラシあるいは路面清掃機などを使う．雨や雪あるいは散水の後で路盤または基層の表面がぬれているときには乾くまで待って舗設を始める．

（b）**プライムコートあるいはタックコート**　上に置くアスファルト混合物とのなじみをよくし，または下からの毛管水の上昇をしゃ断するために，プライマーとして適当な歴青材を撒いてプライムコートを形成させるか，あるいは下部が在来舗装のようにしっかりしているようなときには上に置く混合物との付着をよくするための歴青材を撒いてタックコートとする．これらについては10・8・4項で述べる．

（c）**混合物の敷きならし**　混合物が冷えないうちに舗装を完了することがたいせつである．敷きならしのときの混合物の温度は110°C以下に下がらないようにする必要があり，気温5°C以下のときには敷きならしを行ってはいけない．敷きならしは通常アスファルトフィニッシャで行うが，使用できない箇所などにおいては人力による．

（d）**締固め**　敷きならしが終わった後，締固めを行う．締固めは継目転圧・初転圧・二次転圧・仕上げ転圧の4段階で行う．転圧のときの混合物の温度が低いと，強度が落ちるので，なるべくはやく転圧を行う．

転圧には通常ロードローラ・振動ローラ・タイヤローラを使う．運行速度は，ロードローラ2〜3km/時，振動ローラ3〜6km/時，タイヤローラ6〜10km/時が適当である．ローラは駆動輪を前にして転圧するのを原則とし，道路の中心

線に平行に，道路の縁から順に，中央に向かって行う．道幅が十分にある場合には，道路の中心線に対して斜め方向に，ついでその対角方向にも転圧する．

以上を一応の原則として，つぎに転圧の各段階特有なことについて述べる．

ⅰ）継目転圧　継目転圧は，密度が小さくなりやすい施工継目や構造物との接続部に対して行うものである．施工継目には，その方向により横継目と縦継目とがある．

横継目は，施工の終了時またはやむをえず施工を中断したときに道路の横断方向に設ける目地である．自動車の走行に影響を与えるので，とくに平坦に仕上げるように注意する．

縦継目は，道路幅員を数車線に分けて施工する場合に，道路の中心線に平行に設ける目地である．締固めが不十分だと，縦目地が開いたり，ひびわれが生じたりする．表層の縦継目は，通常レーンマークと一致させる．

ⅱ）初転圧　初転圧は，混合物の温度の高いうちに混合物が変位を起こさない程度に締め固めるもので，通常 10〜12 t のロードローラで1往復すなわち2回程度行う．ローラの横への移動は，車輪幅の約半分ずつをずらしてゆく．混合物の温度は，ヘアクラックが生じない限りなるべく高い温度，通常 110〜140°C 程度とする．

ⅲ）二次転圧　二次転圧は，初転圧についで最大締固め密度が得られるように十分に締め固めるもので，通常 8〜20 t のタイヤローラまたは 6〜10 t の振動ローラで行う．タイヤローラによる締固めは，交通荷重に似た締固め作用をもち，締固め効果が大きい．ローラの横への移動は，初転圧の場合より大きくし，またローラの引返しは交互に 30〜60 cm ぐらいずらし，1区間の端はくしの歯のように締め固めた所と締め固めない所とが交互に存在するようにする．二次転圧が終わったときの混合物の温度は 70〜90°C 程度である．

ⅳ）仕上げ転圧　仕上げ転圧は，初転圧および二次転圧のときに生じた車輪の跡や表面の高低を消して仕上げるもので，通常タイヤローラまたはロードローラで1往復すなわち2回程度行う．転圧が終わって後の交通開放は，舗装表面の温度が約 50°C 以下になってから行う．

10・7 常温混合式工法

アスファルト乳剤のような常温あるいは常温に近い温度（100°C以下）で液状である瀝青材を使用して，骨材とともに中央混合して舗設するものである．加熱混合物に比べて一般に耐久力がやや劣り，また水に弱いが，瀝青材の貯蔵が可能で即応できるので，簡単な舗装や補修材料として用いられている．

10・8 特 殊 舗 装

10・8・1 特殊工法の舗装

（1） 半たわみ性舗装（半剛性舗装）

空隙率の大きい開粒度アスファルト混合物に浸透用セメントミルクを浸透させたもので，アスファルト舗装のたわみ性とコンクリート舗装の剛性とを兼ね備えさせたものである．耐流動性・耐油性・明色性などが必要とされる交差点・バスターミナル・料金所・ガソリンスタンドなどに用いられる．

母体になるアスファルト混合物全層にセメントミルクを浸透させたものを全浸透型といい，半分程度浸透させたものを半浸透型という．全浸透型は，車道に用いられ，等値換算係数は 1.0 としてよい．表 10・4 は母体になるアスファルト混合物の配合の標準的なものを示したものである．

表 10・4 半たわみ性舗装用アスファルト混合物の標準的配合

ふるい目 (mm)	通過質量百分率 (%)	
	I 型	II 型
26.2		100
19	100	95～100
13.2	95～100	35～70
4.75	10～35	7～30
2.36	5～22	5～20
0.6	4～15	
0.3	3～12	
0.075	1～6	
アスファルト量 (%)	3.0～4.5	
セメントミルクの最大浸透厚さ	5 cm 前後	10 cm 前後

浸透用セメントミルクには，普通・早強・超速硬の三つのタイプがある．普通タイプは普通ポルトランドセメント，早強タイプは早強ポルトランドセメント，超速硬タイプは超速硬セメントまたは前述のポルトランドセメントに急硬化剤を添加したものを使用する．

施工は，まず母体になる開粒式アスファルト混合物を舗設する．この舗設したアスファルト混合物が50°C以下になった後に，移動式ミキサなどで製造した浸透用セメントミルクを$4 \sim 6\,l/m^2$程度散布し，ゴムレーキで拡げて，振動ローラで浸透させる．セメントミルクが舗装表面に残るとすべりやすくなるので，余分のセメントミルクをゴムレーキなどで除去する．とくにすべり止めが必要なときには珪砂などを散布する．

交通開放までの養生時間は，普通タイプで約3日間，早強タイプで約1日間，超速硬タイプで約3時間である．

（2） グースアスファルト舗装(Guss asphalt pavement)

グースアスファルト混合物を使った舗装で，不透水性・防水性があり，たわみに対する追随性が高く，鋼床版舗装などの橋面舗装に用いられる．

グースアスファルト混合物は，石油アスファルトにトリニダッドレイクアスファルトまたは熱可塑性エラストマーのような改質材を加えて混合し，さらにこれに粗骨材・細骨材・フィラーを入れてプラント混合した後，流込み施工が可能なように高温で撹拌・混合したものである．グースアスファルト混合物の

表10・5　グースアスファルト混合物の標準的配合

ふるい目 (mm)	通過質量百分率（%）
19	100
13.2	95〜100
4.75	65〜85
2.36	45〜62
0.6	35〜50
0.3	28〜42
0.15	25〜34
0.075	20〜27
アスファルト量（%）	7〜10

標準的な配合を示したものが表 10・5 である．

使用する石油アスファルトの針入度は 20〜40，これに針入度 1〜4 のトリニダッドレークアスファルトを全アスファルト量の 20〜30％程度混入する．混合後のアスファルトの針入度は 15〜30，軟化点は 60℃ 以上が望ましい．

アスファルトプラントで混合製造したグースアスファルト混合物は，クッカ（加熱保温装置・撹拌装置を備えた運搬具）で現場まで運び，グースアスファルト専用のフィニッシャ，場合によっては人力（こて）で敷きならす．1 層の敷きならし厚さは 3〜4 cm ぐらい，これ以上になると 2 層仕上げにする．

表層に用いる場合には，すべり抵抗性・耐摩擦性・耐流動性などを大きくするために，敷きならし直後にプレコート砕石を散布し，鉄輪ローラで圧入する．プレコート砕石の散布量は，粒径 4.75〜2.36 mm の場合 8 kg/m² ぐらい，粒径 13.2〜4.75 mm および 19〜13.2 mm の場合 8〜15 kg/m² ぐらいである．

（3） ロールドアスファルト舗装

アスファルト・フィラー・細砂からなるアスファルトモルタルの中に比較的単粒度の粗骨材（砕石）を混入したものがロールドアスファルト混合物である．この混合物を使ったロールドアスファルト舗装は，すべり抵抗性・水密性・耐ひびわれ性・耐摩耗性などに優れていて，主として寒冷地・山岳地において用いられる．

施工厚さに応ずる骨材の目標配合およびアスファルト量の推定値は表 10・6 のとおりである．最適アスファルト量は，このアスファルト量推定値を基準にしてマーシャル安定度試験を行い，決定する．

歴青材料としては，通常針入度が 40〜60，60〜80 のストレートアスファルトを使用する．ただし，重交通の場合には改質アスファルトあるいはトリニダッ

表 10・6 配合設計における施工厚さと目標骨材配合およびアスファルト量推定値

施工厚さ (mm)	粗骨材 (%)	細骨材 (%)	フィラー (%)	アスファルト量推定値 (%)
25	0	84.5	15.5	10.0
40	35.0	54.5	10.5	7.5
50	45.0	46.0	9.0	6.5

ドレーキアスファルトを混入する．粗骨材としては，1層の施工厚さに応じて4号(30〜20mm)〜6号(13〜5mm)の砕石を使用する．

舗設は，通常の加熱混合式に準じて行う．

(4) フォームドアスファルト舗装

加熱アスファルトと水蒸気または水とを専用の装置で接触混合して泡状にし，これをミキサ内に噴射して製造した混合物を舗設したものである．

アスファルトを泡状にすることにより，アスファルトの粘度が下がって混合・締固め作業が容易になる．とくにフィラー分を多く含む寒冷地用混合物や耐流動性・耐摩耗性をめざした混合物の製造・施工に効果がある．

(5) フルデプスアスファルト舗装

路床上のすべての層に瀝青材料を使った舗装，すなわち表層・基層には加熱アスファルト混合物，路盤には瀝青安定処理材料を使った舗装である．厚さは，通常のアスファルト舗装と同じく等値換算係数による方法（T_A法）によって求める．

この舗装は舗装厚さが薄くでき，またシックリフト工法と併用できることから，計画高さに制限がある場合・地下埋設物の位置が浅い場合・地下水位が高い場合・工期を短縮したい場合などに使用される．

(6) サンドイッチ舗装

CBR値が3未満の軟弱な路床の上に舗装する場合に用いられる工法である．路床の上にしゃ断層を設け，その上に粒状路盤材，ついで貧配合コンクリートまたはセメント安定処理層，さらにその上に粒度調整砕石を敷きならして表面に加熱アスファルト混合物を置く．

しゃ断層としては，川砂・海砂あるいは良質の山砂を使用し，軽く締め固める．しゃ断層の上の粒状路盤材の厚さは15〜30cm，その上の貧配合コンクリートまたはセメント安定処理層の厚さは10〜20cm，ともに十分に締め固める．表面の粒度調整砕石および加熱アスファルト混合物は，通常の加熱アスファルト混合物による舗装に準じて施工する．

(7) コンポジット舗装

表層または表層・基層にアスファルト混合物を用い，直下の路盤に当たる層にセメント系のスラブを使用したアスファルト舗装である．セメント系のスラ

ブとしては，セメントコンクリート・連続鉄筋コンクリート・転圧コンクリート・半たわみ性舗装など各種のものが考えられる．この舗装は，アスファルト舗装のもつ良好な走行性・維持修繕の容易さなどとセメント系の舗装のもつ耐久性を兼ね備えたものである．

　下層のセメント系の舗装には，連続鉄筋コンクリート・半たわみ性舗装を除いて通常目地を設ける．したがってこの目地の直上のアスファルト舗装にはいわゆるレフレクションクラック (Reflection crack) が生じやすい．このクラックが予想される箇所に対しては，アスファルト層とコンクリートスラブの間に，マスチックシール・シート・ジオテキスタイルなどを敷くか，粒状材料・開粒度アスファルト混合物などの緩衝層を設けるか，あるいは表層に誘導目地を作るなどの対策を考える必要がある．

　このコンポジット舗装に使用する下層のセメント系スラブをホワイトベース (White base) ということがある．

10・8・2　特殊目的の舗装
(1)　耐摩耗性舗装

　積雪寒冷地では，タイヤチェーンやスパイクタイヤによる路面の摩耗がはなはだしい．したがって摩耗に耐える混合物を使用することが必要である．

　耐摩耗混合物としては，表10・2の⑤，⑥，⑦，⑧の密粒度・細粒度のアスファルト混合物あるいはギャップアスファルト混合物が用いられる．グースアスファルト混合物・ロールドアスファルト混合物も有効である．

　使用アスファルトは，低温時にももろくなりにくく，骨材を把握する力が大きいものがよい．この目的で作られたものに改質アスファルトがある．また，アスファルト量は多いほど耐摩耗性はよくなる．

　骨材は硬いほど耐摩耗性は大きい．たとえば，シリカサンド (珪砂) はシリカ分 (珪酸 SiO_2) を 90% 以上含んだ砂であるが，硬質で耐摩耗性に優れている．このシリカサンドを骨材に使ったシリカサンドアスファルト層を路面に設ければ摩耗に対して有効である．

(2)　耐流動性舗装

　大型車の交通量の多い道路では，わだち掘れが生じやすいので，とくに耐流動性の混合物を使用する必要がある．

アスファルト混合物の耐流動性の評価は，ホイールトラッキング試験によって行う．ホイールトラッキング試験は，所定の大きさの供試体の上を，荷重調整した小型のゴム車輪を走行させ，供試体が1mm変形するのに必要な通過回数を測定し，この回数をもってアスファルト混合物の流動抵抗性を示す指標とするもので，この指標を動的安定度（DS）という．目標とする動的安定度は，通常1,500回/mmに設定し，大型車交通量がとくに多い所では3,000回/mm以上に設定することもある．

工法は，加熱混合式工法を基準にして考えればよい．混合物は，表10・2の②密粒度アスファルトコンクリート，④密粒度ギャップアスファルトコンクリートを用いる．瀝青材料としては改質アスファルトを使用することが望ましい．

（3） はく離防止対策

過去においてはく離を生じた骨材を使う場合，地下水が高い場合など，アスファルト混合物においてアスファルトと骨材とがはく離する恐れがある場合には，次のようなはく離防止対策を施す必要がある．

フィラーの一部として，アスファルト混合物全量に対して1〜3％の消石灰またはセメントを使用したり，あるいはアスファルト量の0.3％以上のカチオン系界面活性剤を使用したりする．アスファルトとしては針入度40〜60程度の固いもの，または改質アスファルトを使用する．

（4） すべり止め舗装

使用材料・配合設計・施工などに十分な配慮を行った加熱混合式ならば，とくにすべり止め対策を講ずる必要はない．しかし，曲線部・急坂路・踏切の前後など特別な箇所には，必要に応じてすべり止め舗装を施す．

すべり止め工法としては，混合物のすべり抵抗性を高める工法・硬質骨材を路面に接着させる工法・路面に溝切りする工法（グルービング工法）などがある．

表10・2の④，⑧の密粒度ギャップ，⑨の開粒度アスファルトコンクリートなどはすべり止め効果をもつ舗装である．とくにその効果を高めるためには，骨材として硬質骨材，瀝青材として粘着性の強い改質アスファルトを使用すればよい．また，混合物の敷きならし直後に硬質骨材を散布して転圧する工法，あるいはエポキシ樹脂またはアクリル樹脂で硬質骨材を路面に接着させる工法

もある．

　硬質骨材としては硬質砂岩・硬質珪岩・安山岩・シリカサンド・エメリーなどがあり，また人工的に製造される硬質骨材が使われることもある．

　路面に溝切りする工法は，湿潤時に起きるハイドロプレーニング現象によるスリップ事故を防止するために，舗装表面に縦断方向または横断方向に溝切りを行うものである．

（5）排水性舗装

　路面から雨水を速やかに排水することを目的とするもので，排水性舗装用アスファルト混合物を表層または表層・基層に使用し，路盤より下へは水が浸透しない構造にしたものである．排水性舗装は車道を対象として，これによって路盤以下の強度の低下を防ごうとするものである．

　排水性舗装は，降雨時の水はね・ハイドロプレーニングの防止，夜間・雨天時の視認性の向上に役立ち，車両の走行騒音を低減させる効果がある．

　表 10・7 は排水性舗装用アスファルト混合物の標準的な配合例を示したものである．透水性を確保するための空隙率の目標値は 15～25 %，また透水係数は 10^{-2} cm/秒以上を目標としている．

　施工にあたっては，目標の空隙率を確保するように作業することが重要である．また，その下層となる不透水層は雨水などが舗装の内部に滞留しないような構造にする．そのために，排水性舗装と下部の不透水層との間には不透水性のシール層を設ける．通常，ゴム入りアスファルト乳剤を 0.4～0.6 l/m^2 程度散

表 10・7　排水性舗装用アスファルト混合物の標準的配合

ふるい目(mm)	通過質量百分率(%)
19	100
13.2	90～100
4.75	11～35
2.36	8～25
0.6	5～17
0.3	4～14
0.15	3～10
0.075	2～7
アスファルト量(%)	4～6

布してシール層としている．上部の透水性の大きい排水性舗装を通ってきた水は，この不透水層上を流れて路肩あるいは側溝へ流出する．

(6) 透水性舗装

歩道・自転車道などの歩行者系道路を対象にしたもので，路面の水を路盤の下方の路床まで浸透させるものである．透水性のアスファルト混合物は，空隙率を大きくする必要があり，そのために砂分をほとんど含まない開粒度混合物が用いられる．その配合例を示したものが表10・8である．

透水性舗装の効果は表層の透水能だけで決まるものではない．下部の路盤・路床も透水性にする必要がある．通常表10・9のような構成のもの(透水係数 10^{-2} cm/秒)を路床上に設ける．

表10・8 透水性アスファルト混合物の標準的配合

ふるい目 (mm)	通過質量百分率(%)
19	100
13.2	95～100
4.75	20～36
2.36	12～25
0.3	5～13
0.075	3～6
アスファルト量(%)	3.5～5.5

表10・9 透水性舗装の構成(アスファルト舗装要綱)

| 区分 | 材料 | 厚さ (cm) ||
		区分Ⅰ	区分Ⅱ
表層	加熱アスファルト混合物	3～4	4～5
路盤	粒状材料	10	15
フィルター層	砂	5～10	15

(注) 区分Ⅰ：歩行者・自転車のみ通すもの
区分Ⅱ：歩行者・自転車の他に，最大積載量 39.2kN 以下の管理用車両や限定された一般車両を通すもの

(7) 耐油性舗装

アスファルト舗装にたとえば耐油性のエポキシ樹脂を使った表面処理を施す

工法もあるが，通常は前に述べた半たわみ性舗装を使用する．

(8) 明 色 舗 装

通常のアスファルト舗装の表層に，光線反射率の大きい明色の骨材を使用して路面の輝度を上げた舗装である．トンネル内や夜間における照明効果が向上し，路面の識別が容易になる．また，夏期の路面温度の上昇防止に役立ち，耐流動性にも有効である．

明色舗装には，通常のアスファルト混合物の粗骨材の全部または一部を明色骨材に置き換えた混合物方式と，通常の混合物を舗設してその上に石油樹脂などでプレコートした明色骨材を散布し転圧する散布方式とがある．明色骨材としては，天然産のものとして珪石があるが，その効果をさらにあげるために，珪砂・石灰・ドロマイトを溶融して作った人工骨材がある．

混合物方式における明色骨材の混入割合は全骨材の 30 % 以上が望ましい．路面散布方式においては，アスファルト混合物の舗設直後に明色骨材を 8～12 kg/m^2 程度散布し，転圧する．

(9) 着 色 舗 装

街路の景観を高めるために，また通学路・交差点・バスレーンなどにおける交通安全と円滑な交通を図るために，路面を着色した舗装である．

着色には，アスファルト混合物に顔料を添加する，着色骨材を使用する，結合材料としてアスファルトの代わりに石油樹脂を使用する，半たわみ性舗装に着色した浸透用セメントミルクを浸透させる，などの方法がある．

アスファルト混合物に酸化鉄(べんがら) 5～7 % を混入すれば赤に，酸化クロム 5～10 % を混入すれば緑になる．

結合材料として石油樹脂を使用する方法は，石油樹脂に 1～4 % の有機顔料，または 10～20 % の無機顔料を添加して使うものである．顔料に応じて白・赤・緑・黄などの色が得られる．

半たわみ性舗装の場合には，顔料を混入して着色した浸透用セメントミルクを舗装に浸透させるか，あるいは着色セメントを使ってセメントミルクを作り，これを浸透させる．

以上のほか，路面に着色ペイントを塗布して着色することもある．

10・8・3 特殊箇所の舗装

(1) 橋　面　舗　装

(a) 車　道　舗装は，原則として表層・基層の2層とし，これをコンクリート床版または鋼床版の上に載せる．床版と上に載せる基層との間には接着層および必要に応じて防水層を設ける．

接着層としては，アスファルト乳剤・ゴム入りアスファルト乳剤・溶剤型のゴムアスファルト系接着剤・ゴム系接着剤などが使用される．また，防水層としては，織布に歴青材料を浸透させたシートあるいは加熱アスファルト混合物やグースアスファルトが使われる．

以上の接着層・防水層の上に基層・表層を設ける．基層・表層の合計厚すなわち舗装の厚さは通常6～8cm，うち表層は3～4cmとすることが多い．

基層は，不陸や床版に使われているボルトなどに対するレベリングの役割を果たしている．コンクリート床版の場合には粗粒度・密粒度アスファルト混合物，鋼床版の場合にはグースアスファルト混合物を使用することが多い．表層には密粒度・密粒度ギャップ・細粒度ギャップアスファルト混合物などが用いられる．

歴青材料としては改質アスファルトを用いることが多く，またエポキシ樹脂を添加した熱硬化性改質アスファルトを使用することもある．

(b) 歩　道　通常の橋梁の歩道部分の舗装と歩道橋の舗装とがある．

(i) 橋梁の歩道部分の舗装　セメントコンクリート床版の場合には細粒度・密粒度アスファルト混合物，鋼床版の場合にはグースアスファルト舗装にすることが多い．橋梁の歩道は転圧しにくいことから，また，景観上の観点から，ブロック舗装にすることがある．

鋼床版の歩道の場合，舗装面の着色・すべり止めの目的でアクリル樹脂などのビニル系樹脂，ウレタン・エポキシ樹脂などの熱硬化性樹脂などを使い，薄層の舗装を設けることがある．

(ii) 歩道橋の舗装　歩道橋の舗装においては，橋梁の歩道部分と同じく加熱アスファルト混合物・ブロックを使用するほか，美観を考えてカラー舗装を使用することも多い．カラー舗装においては，石油樹脂（脱色バインダ）や顔料・着色骨材を使用したり，舗装表面を砥石で研磨仕上げして混合物の肌目模

様を出したりしている．

(2) **歩道・自転車道の舗装**(歩行者系道路舗装)

「アスファルト舗装要綱」(平成4年)によると，「歩道，自転車歩行者専用道路，歩行者専用道路，公園内の道路，広場などの，主に歩行者の用に供する道路および広場を歩行者系道路とよび，その舗装を歩行者系道路舗装という．」

この定義から，歩道・自転車道の舗装は歩行者系道路舗装に該当すると考えてよい．この歩行者系道路舗装は，次のように二つに区分されている．

　　区分Ⅰ：歩行者，自転車の交通に供する歩道，自転車道
　　区分Ⅱ：歩行者や自転車以外に，最大積載量4t以下の管理用車両や限定
　　　　　　された一般車両の通行する歩行者系道路

この歩行者系道路の舗装は，通常路床・路盤・表層から構成され，加熱アスファルト混合物・コンクリート・コンクリート平板・インターロッキングブロック・タイルなどの化粧板・常温塗布式などによる舗装がある．

加熱アスファルトおよびコンクリートによる舗装の構成は表10・10のとおりである．

コンクリート平板・インターロッキングブロック・タイルなどの化粧板による舗装はいずれも，路盤としては粒状材料を使い，その厚さは表10・10と同じく，区分Ⅰで10cm，区分Ⅱで15cmである．この路盤の上にそれぞれの表層を設ける．

常温塗布式舗装は，アスファルト舗装あるいはコンクリート舗装の上に，樹脂系結合材料を用いた常温混合物によるカラー舗装を0.5～1.0cmの厚さで施すものである．

表10・10 加熱アスファルト混合物・コンクリートによる舗装の構成

区分	材料	厚さ (cm)	
		区分Ⅰ	区分Ⅱ
表層	加熱アスファルト混合物	3～4	3～4
	セメントコンクリート	7	10
路盤	粒状材料	10	15

(3) 路肩および側帯の舗装

路肩には，側帯を設ける路肩と設けない路肩とがある．

側帯を設ける路肩においては，路肩の側帯は車道と同じ構造にする．側帯を除いた路肩は，車道の舗装より簡易なものでよいが，この場合 $T_A = 5 \sim 10\,\mathrm{cm}$ を目標に設計する．

側帯を設けない路肩においても，通常路肩のうち側帯に相当する幅員として 0.25 m を車道と同じ構造にする．

中央帯の側帯は，通常車道と同じ構造にする．

側帯の舗装は，運転者の視線誘導と車道の縁の明示のために明色あるいは着色の舗装にしたり，また小突起物を設けたりする．

(4) トンネル・地下道の舗装

トンネルや地下道の舗装はなるべく耐久性が高く，明るい舗装が望ましい．とくに延長の長いトンネルは，照明効果および耐久性から考えて，セメントコンクリート舗装または半たわみ性舗装がよい．

アスファルト舗装を使用する場合には，耐久性に優れた改質アスファルトの使用，また明色・着色舗装の使用が望ましい．

(5) 岩盤上の舗装

現地盤が良好な岩盤である場合には，その面を路床面とする．この場合，貧配合コンクリートを厚さ 10 cm 以上置いて不陸を直し，その上に加熱アスファルト混合物を舗設する．

岩盤上に 1 m 未満の路床土がある場合には，過去における経験や実績あるいは実験によって舗装の構造を決める．多層弾性理論によって検討することも考えられる．

10・8・4 そ の 他

(1) プライムコート (Prime coat)

プライムコートの目的は次のとおりである．

ⅰ) アスファルト舗装の場合には，上に施工するアスファルト混合物とのなじみをよくする．コンクリート舗装の場合には，上部に打設するコンクリートスラブ中の水分の吸収を防止する． ⅱ) 路盤表面部に浸透し，路盤を安

定させる． iii) 降雨による洗掘，表面水の浸透を防止する． iv) 路盤からの水分の蒸発を防ぐ． v) 作業車などによる破損を防止する．

プライマーとしては，通常アスファルト乳剤 (PK-3) を使う．散布量は $1\sim2$ l/m^2 を標準とする．プライマー散布後，交通に開放する必要がある場合には砂を散布する．

(2) タックコート (Tack coat)

タックコートは，基層あるいは路盤とその上に置く混合物との間の付着をよくするために施すものである．タックコートに使用する瀝青材としては，粘度が高くてよく付着し，養生時間が比較的短いものが好ましい．アスファルト乳剤 (PK-4) あるいはとくに強く接着させたいときはゴム入りアスファルト乳剤を $0.3\sim0.8\ l/m^2$ 程度用いる．

10・9 管理および検査

舗装は，他の土木構造物に比べると気象作用や荷重を受ける面積が大きく，また安全率も考慮されていないので，破損・破壊の生じる可能性が大きい．したがって施工の際の管理に十分に気をつける必要があり，また規定どおりに仕上っているかどうかの検査が重要である．管理および検査の手順は，だいたい次のとおりである．

 i) 受注者が基準試験を行い，発注者がその結果を確認する．
 ii) 受注者は作業標準を設定して施工，出来高・品質管理を実施する．
 iii) 発注者は出来高・品質検査を行う．
 iv) 工事記録を保存する．

(1) 基 準 試 験

加熱アスファルト混合物に使う材料や路床・路盤材料について規格に合っているかどうか試験を行うとともに，アスファルト混合物の配合設計を行う．

(2) 出来高および品質の管理

完成した出来高が検査に合格するように管理するのが出来高管理で，基準高・幅・厚さ・平坦性などの項目について頻度・管理の限界を定め，行う．

所定の品質を確保するために，管理すべき品質の項目・頻度・管理の限界などを定め，管理を実施するのが品質管理である．

（3）検　　査

舗装が設計図書を満足しているかどうかを判定するために，検査を行う．検査は，施工の各段階および完成時に実施し，発注者が行う．

検査には，抜取り検査と管理データを利用しての検査があるが，通常は抜取り検査による．

（4）記録の保存

舗装工事完了後，完成日時・設計条件・断面構成・施工などの記録を適切な方法で保存しておくことが大切である．このことによって以後の補修計画の立案が容易になり，また近傍での舗装の設計・施工の参考になる．

10・10　補　　修

舗装は，交通荷重・自然条件・材料の老化などによって月日の経過とともに機能が低下し，しだいに円滑・安全な交通に支障をきたすようになる．これを防ぐためには，常に路面の状況を観察・把握して，適宜適切な補修を行うことが重要である．

舗装の補修には，維持と修繕とがあり，これらによって舗装の供用性能を一定水準以上に保つ．維持とは，たとえばパッチング・目地の充てんのように，舗装の供用性を保持するか，またはいくらか向上させるようにする行為である．また，修繕とは，たとえば打換え・オーバーレイのように，舗装の構造を改良して大幅に供用性を回復する行為である．

補修は，調査・計画・設計・実施の手順で行う．

（1）補修のための調査・計画

調査には，道路網全体の補修計画を立てる場合の調査と，補修の実施計画を立てる場合の調査とがある．前者の場合には，路面状態を把握するために定期調査を行ったり，巡回観察を行ったりする．後者の場合には，個別箇所について観察したり，破損状態を調査したりする．

舗装の破損には次のようなものがある．これらが個別に生ずることもあるが，いくつかのものが同時に生ずることもある．

　　わだち掘れ，ひびわれ，平坦性低下，ポットホール，ブリージング（フラッシュ），ポリッシング，湛水，ポンピング，段差など

ポットホールは舗装表面に生じた穴である．ブリージングはアスファルト分のしみ出し，ポリッシングは骨材が研磨された状態をいう．湛水は排水性舗装に対するもので，目つぶれの結果走行軌跡に水がたまることをいう．ポンピングは，ひびわれに伴って生ずることが多く，水・路盤材の細粒分が吹き出す現象である．

以上の調査の結果に基づいて，補修箇所の選定，優先順位付けを行う．

（2）補修の設計

補修の設計とは，舗装の破損状態や設計条件に適応した補修工法を選定し，補修断面を決定することである．

補修工法の主なものをあげてみると次のとおりである．

（a）**打換え工法**　舗装を打ち換えるもので，その規模・状況に応じて通常の打換え，局部打換え，線状打換え，表層・基層打換えなどの工法がある．

（b）**オーバーレイ工法**　既設舗装の上に加熱アスファルト混合物を舗設するもので，厚さ3mm未満の舗設を薄層オーバーレイ工法という．その他切削してオーバーレイする工法，わだち部におけるオーバーレイ工法などがある．

（c）**路上再生路盤工法**　既設アスファルト混合物の層を，現位置において破砕し，これにセメントやアスファルト乳剤などを添加して混合し，締め固めて路盤を造る工法である．

（d）**路上表層再生工法**　既設アスファルト混合物の層を，加熱して解きほぐし，これに必要に応じて新しいアスファルト混合物や再生用添加剤を加えて表層を造る工法である．

（e）**表面処理工法**　既設舗装の上に，加熱アスファルト混合物以外の材料を使って3cm未満の封かん層を設ける工法である．たとえば，アスファルト乳剤を散布して骨材でおおうシールコート，細骨材・フィラーにアスファルト乳剤および水を加えて液状にしたものを施すスラリーシールなどがある．樹脂系結合材料を使った表面処理も使用されている．

（f）**パッチング工法**　ポットホール・くぼみなどを加熱アスファルト混合物や瀝青系あるいは樹脂系バインダを用いた常温混合物を使って応急的に充てんする工法である．

（g）**段差すりつけ工法**　段差をなくするために，（f）におけると同じ材

料を使って段差部分を充てんする工法である．

（h）**シール材注入工法**　比較的幅の広いひびわれに注入目地材を注入する工法である．注入する材料には，エマルジョン型・カットバック型・樹脂型などいろいろなものがある．

（i）**切削工法**　路面凸部を切削除去して不陸や段差をなくす工法である．オーバーレイ工法や表面処理工法の事前処理のために行われることも多い．

（3）補修の実施

補修工事は，通常供用中の道路において行われるので，交通規制・安全対策・環境対策などに留意して施工計画を立てておく必要がある．

補修は，一般に既設舗装を撤去することと，舗設することから成る．

既設舗装を撤去する際，その影響が周辺部へ及ぶ場合には，コンクリートカッタで施工箇所の周囲を切断して縁切りしておく．舗設は，舗装新設の場合と同じ手順で，各層ごとに仕上げる．

補修工事の管理および検査は，一般の舗装工事に準じて行えばよいが，規模が小さいこと，夜間工事が多いことなどに留意して実施する．また，工事記録の保存も，今後の補修の参考にするために重要である．

橋面・トンネル内・歩道・自転車道その他の特定箇所の舗装の補修は，通常の舗装と異なることも多いので，それぞれの条件に応じて適切に実施する．

問　題

10・1　アスファルト混合物に対してマーシャル安定度試験を行った結果，次の値を得た．もっとも適当なアスファルト量を選べ．

アスファルト量(%)	安定度 (kN)	密度 (g/cm³)	空隙率 (%)	飽和度 (%)	フロー値 (1/100 cm)
3	12.46	2.310	8.4	45.2	22
4	13.24	2.359	5.0	64.0	25
5	11.58	2.393	2.3	82.5	33
6	8.24	2.373	1.6	88.5	50
7	7.55	2.346	1.4	91.2	85

10・2　各種のアスファルトコンクリートに対して，適当と考えられる骨材の粒径加

積曲線を画け．

10・3 アスファルト舗装の基層として考えた混合物の質量配合と比重が下表のとおりであった．この混合物で作った径 5.1 cm，高さ 2.5 cm の円筒形供試体の乾燥質量が 118 g であったとすれば，この混合物の乾燥密度と空隙率はいくらか．

材　　　料	質量比(%)	比重
粗　骨　材	70	2.60
細骨材およびフィラー	25	2.66
ア ス フ ァ ル ト	5	1.02

10・4 排水性舗装および透水性舗装の特徴並びにそれを施工するときの注意事項について述べよ．

第11章 コンクリート舗装

11・1 まえがき

路盤の上にコンクリートスラブ（版）を置いた形で構成された舗装がセメントコンクリート舗装（以後コンクリート舗装（Concrete pavement）という）である．

コンクリートに似たものを使って道路を築造することは遠くローマ時代においても行われていたが，近代的なコンクリート舗装の築造はポルトランドセメントの発明（1824年）以後である．すなわち1835年にスコットランドにおいて初めて試験的に舗装され，以来多くの長所をもっているためしだいに普及していった．

コンクリート舗装は，施工後長い養生期間を要する，地下埋設物を設置するときに不便である，ひびわれが発生しやすく，一度発生すると大きな破壊に進んでゆく，工費が高いなどの欠点があるけれども，次に述べるような長所をもっており，またわが国においては材料であるポルトランドセメントが多量に生産されるので，アスファルト舗装についで多く用いられている．コンクリート舗装の長所と考えられる主なものは次のとおりである．

ⅰ）耐久性が大きい．　ⅱ）自動車路面として適している．　ⅲ）ほこりが少なく，路面の掃除が容易である．　ⅳ）路面が防水性であり，また油などの害が少ない．　ⅴ）維持に手数を要せず，また維持費が少なくてすむ．

11・2 横断面の形

道路全幅員を有効に使用するためには，その道路の全車線に対して舗装することが望ましいが，通常2車線，4車線と偶数車線を舗装する．1車線の幅員

としては通常 2.75～3.5 m, 場合によっては 2.5～5 m ぐらいにすることもある. なお, とくに側溝, 街渠などのある場合, 表面水が路盤あるいは路床へ入るのを防ぐために, 路面全体を舗装することが望ましい.

コンクリート舗装スラブの横断面の形として現在通常用いられているものは, 等厚形(Equal thickness type)である. これ以外のものは, 現在ほとんど使用されていない.

スラブの厚さは計算によって求まるが, 等厚形で交通量に応じて 15～30 cm ぐらいが用いられている.

11・3 材 料

(1) セメント

セメントはポルトランドセメント・高炉セメント・シリカセメント・フライアッシュセメントいずれを用いてもよいけれども JIS R 5210, 5211, 5212, 5213 に適合したものでなければならない. このうち, ポルトランドセメント, とくに普通セメントがもっとも多く使用されている.

道路用のセメントとして備えるべき重要な性質は, 曲げ強さの大きいこと, 温度・湿度の変化および硬化による収縮が小さいこと, 水溶性並びに摩耗性が小さいことなどである. 収縮性の小さいことはそれによって生ずるひびわれが発生しにくいことであり, この性質は粉末度を粗くすれば達成できる. また低熱, 中庸熱などのセメントは他のセメントにくらべると収縮性が小さい.

(2) 水

水は油・酸・アルカリ・塩類・有機物・砂糖・酸化亜鉛その他コンクリートの強度に影響を与えるものを有害量含んでいてはならない.

(3) 細骨材

細骨材は清浄・強硬・耐久的で, ごみ・どろ・有機不純物・塩分などを有害量含んでいてはならない. 粒度は表 11・1 に示すものを標準にすればよい. 粒度を均等に保つために, 細骨材の粗粒率は標準の細骨材の粗粒率に比べて 0.20 以上の変化を示してはいけない. 有害物としての粘土塊は 1.0%, 洗い試験で失われる量は 3.0%, 比重 1.95 の液体に浮くもので 0.3 mm ふるいに止まるものの量は 0.5% 以下でなければならない.

表 11・1 細骨材の粒度の標準（質量比）

ふるい(mm)	通過量(%)
10	100
5	90〜100
2.5	80〜100
1.2	50〜90
0.6	25〜65
0.3	10〜35
0.15	2〜10

(4) 粗 骨 材

　粗骨材も細骨材と同じく清浄・強硬・耐久的で，すりへり抵抗が大きく，偏平なもの，細長いもの，有機不純物などを有害量含んでいてはならない．粒度は表11・2に示すものを標準とし，最大寸法はコンクリートスラブの最小厚さの1/4以下で40mmを超えてはいけない．

　有害物として粘土塊0.25%，やわらかい石片5.0%，洗い試験で失われるもの1.0%，比重1.95の液体に浮くもの0.5%以下でなければならない．ロサンゼルス試験によるすりへり減量は35%以下であることが必要である．

　鉱さいバラスを使ったコンクリートは普通砕石を使った場合にくらべて初期強度はいくぶん劣るけれども28日以後の強度の増進は大きいようである．また普通砕石の場合と同じ水量を用いたのではワーカビリチーが悪い．材質は均一

表 11・2 粗骨材の粒度の標準（通過量(%)）

ふるい(mm) \ 種類(mm)	40〜5	30〜5	25〜5	20〜5
50	100	—	—	—
40	95〜100	100	—	—
30	—	95〜100	100	—
25	—	—	95〜100	100
20	35〜70	40〜75	—	90〜100
15	—	—	25〜60	—
10	10〜30	10〜35	—	20〜55
5	0〜5	0〜10	0〜10	0〜10
2.5	—	0〜5	0〜5	0〜5

かつ強硬，耐久的であることが必要で，細長いもの，ガラス質のものを有害量含んでいてはならない．

(5) 混和材料

セメント・水・骨材以外のもので，コンクリートの成分として加える材料を混和材料というが，この混和材料のうちで使用量が少なく，それ自体の容積がコンクリートの配合の計算において無視されるものを混和剤という．

混和剤にはいろいろなものがあるが，コンクリート舗装に用いられるものは減水剤・AE剤・AE減水剤・遅延剤・促進剤・着色剤・膨張剤などで，とくに減水剤，AE剤およびAE減水剤がよく用いられる．混和剤を使用するときには，目的意識をはっきりして少数の自信のもてるものを選択し，取扱いには十分な注意が肝要である．

減水剤を使用するとコンクリートの性質が次のように改善される．

ⅰ) セメント粒子が分散し，水和の効果が高まる．　ⅱ) 単位水量を減ずることができ，その結果強度・耐久性・水密性を増す．　ⅲ) 材料の分離が少なくなり，ワーカビリチーのよい，均質のものが得られる．　ⅳ) 凝結の促進あるいは遅延ができる．　ⅴ) セメントの使用量を減ずることができる．

減水剤としてはリグニンスルフォン酸塩もしくはその誘導体，高級多価アルコールのスルフォン酸塩・アルキルアリルスルフォン酸塩・ポリオキシエチレンアルキルアリルエーテル・ポリオール複合体などをそれぞれ主成分にした各種のものがある．使用量は種類によって異なるが，市販品の多くのものはセメント質量に対して0.02〜0.5%程度である．

AE剤については後にAEコンクリートのところで述べる．

暑中に施工する場合，締固めおよび表面仕上げに時間がかかるときなどには，遅延剤・遅延型減水剤またはAE減水剤を用いることがある．また寒中に施工する場合，硬化を促進するために促進剤・促進型減水剤またはAE減水剤を使用することがある．塩化カルシウム ($CaCl_2$) をセメント質量の1%程度使用しても硬化促進の効果がある．

着色剤としては，セメント質量の5%以下で所要の色になるものが望ましく，べんがら(赤・黄・褐色)，酸化鉄(黄色)，カーボンブラック(黒色)，酸化クロム(緑色)などが用いられる．

膨張剤はコンクリートの硬化乾燥による収縮を防止するために入れるもので，ボーキサイト，石灰，石こうなどを焼成して得たカルシウムサルホアルミネート（CSA系），不溶性無水石こう，石灰石粉などを焼成して得たもの（石こう系）などがある．

(6) 鋼　　　材

鋼材としてはスラブの構造強度の補強を目的とするものと，スリップバー，タイバーなどを設置するためのチェアなど補助的なものとがある．前者すなわち構造強度を補強するための鋼材はJISに適合するか，JISに決めてないものは試験を行ってJIS製品に相当すると判定されるものでなければならない．

(7) 目 地 材 料

目地材料には目地板と注入目地材とがある．

目地板はスラブの膨張収縮によく順応し，膨張時はみ出さず，収縮時スラブとの間に空隙を生じてはいけない．また耐久性があり，コンクリートを締め固めるとき大きく変形するものであってはならない．種類としては木材系（杉板），ゴムスポンジ樹脂発泡体系，歴青繊維質系，歴青質系などがある．

注入目地材もスラブの膨張収縮に順応し，コンクリートへの付着がよく，高温時に流れ出さず，低温時衝撃に耐え，かつ耐久的でなければならない．また水に溶けず，水を通さず，土砂などの異物の侵入を妨げることができなければならない．加熱施工式と常温施工式があるが，通常は加熱施工式を使用する．加熱施工式は，歴青材にゴムなどを混入して弾性を与えたものを加熱して注入するものである．

(8) 路　盤　紙

路盤紙は取扱いが容易で，吸水しにくく，コンクリートの打込み，締固めなど施工時に破れないものでなければならない．ポリエチレンフィルム，クラフト紙，ターポリン紙などが使われている．

11・4 配　　　合

コンクリート舗装用のコンクリートの配合は，必要な品質，ワーカビリチー，フィニッシャビリチーすなわち表面仕上げの容易さなどをもつように決める．また，減水剤・AE剤またはAE減水剤を使用することを原則とする．

(1) 品　質

品質として問題になるものは，強度・水密性・耐久性・すりへりに対する抵抗，品質のばらつきの少ないことなどである．

コンクリートの配合設計の目標強度（σ_{br}）としては，コンクリートスラブを設計する際に基準とする設計基準曲げ強度（σ_{bk}）を p 倍に割り増ししたものを使用する．p としては 1.1 程度をとれば通常安全であるが，十分な安全を見込んで一般に 1.15 としている．

セメント量は品質に対して大きな影響を及ぼすが，その量はでき上りコンクリート $1\,\mathrm{m}^3$ あたり 280～350 kg を標準にしている．水セメント質量比は気象作用に対する耐久性および必要な強度を得るように定める．気象作用に対する耐久性を得るために適当な水セメント質量比の最大値は表 11・3 の値を標準にしている．

表 11・3　コンクリートの耐久性から定まる最大の水セメント質量比（％）

とくにきびしい気候で凍結がつづくか，乾湿または凍結融解が繰り返される場合	45
凍結融解がときどき起こる場合	50

(2) ワーカビリチーとフィニッシャビリチー

必要なワーカビリチーおよびフィニッシャビリチーをもつコンクリートとは，材料が分離することなく，水が表面に集まらず，型枠や目地のすみずみおよびスリップバーやタイバーの周囲に十分ゆきわたり，かつ，表面を設計書に示す断面のとおりに平らに仕上げることができるようなコンクリートである．舗装スラブに対してはバイブレータの使用を原則とし，コンシステンシーはスランプで 2.5 cm，沈下度で 30 秒を標準とする．沈下度試験は土木学会規準"振動台式コンシステンシー試験方法（舗装用）"（日本道路協会：セメントコンクリート舗装要綱参照）によって行う．沈下量 30 秒は 50 ヘルツの電力を用いた場合で，60 ヘルツの場合には 20 秒とする．やむをえずバイブレータを使用しないで手仕上げを考えるとき，あるいは配筋量の多いスラブを舗装する場合などには，機械仕上げの場合より軟かくしてスランプで 6.5 cm 程度とする．

コンクリートのワーカビリチーとフィニッシャビリチーはセメントペースト

の量および単位粗骨材容積の増減によって調整する．単位粗骨材容積は，コンクリート $1 m^3$ に用いる粗骨材のかさ容積で，次の式で示される．

$$単位粗骨材容積 = \frac{コンクリート 1 m^3 に用いる粗骨材の質量}{JIS\ A\ 1104 に示す方法で求めた粗骨材の単位容積質量} \quad (11\cdot1)$$

なお，セメントペーストの量は，締固めによって十分密なコンクリートが得られ，かつスラブ用コンクリートに対して，作業に適するワーカビリチーおよびフィニッシャビリチーをもつコンクリートが作られる範囲において最小量でなければならない．セメントペースト使用量を少なくすることは，経済上大切であるばかりでなく，体積変化を少なく，すりへり抵抗を大きくし，またスラブの伸縮を少なくするうえからも大切である．

（3） 配合の設計方法

配合の決定は通常次のような順序で行っている．

（a） 単位粗骨材容積　単位粗骨材容積を，所要のワーカビリチー，フィニッシャビリチーの得られる範囲内で，単位水量が最少になるように決める．通常表 11・4 を参考にして求めればよい．この表の値は，粗粒率 (FM) = 2.80 の粗骨材を使用した沈下度約 30 秒，スランプ約 2.5 cm の AE コンクリート（良質の減水剤を用いた空気量 4 ％の場合）で，ミキサから排出した直後のものに適用する．

表 11・4　単位粗骨材容積および単位水量

粗骨材の最大寸法 (mm)	砂利コンクリート		砕石コンクリート	
	単位粗骨材容積	単位水量 (kg)	単位粗骨材容積	単位水量 (kg)
40	0.76	115	0.73	130
30		120		135
25 (20)		125		140
上記の条件と異なる場合の補正				
条件の変化	単位粗骨材容積		単位水量	
細骨材の FM の増減に対して	（上記単位粗骨材容積）×(1.37−0.133 FM)		補正しない	
沈下度 10 秒の増減に対して	補正しない		∓ 2.5 kg	
空気量 1 ％の増減に対して			∓ 2.5 ％	

(b) **単位水量** 所要のコンシステンシーをもつコンクリートをつくるために必要な単位水量は，粗骨材の最大寸法，骨材の粒度および形状，単位粗骨材容積，コンシステンシー，混和剤の種類，コンクリートの温度などによって異なる．その一例を表 11・4 に示してあるが，単位水量が 150 kg をこえるときには骨材の粒度・形状が適当でないと考えてよい．また運搬時間中に水分および空気量の損失があり，そのためスランプで 2 cm 程度の変化がもたらされることがある．いずれにしても単位水量は試験を行って決める必要がある．

(c) **単位セメント量** 単位セメント量の標準は前述のように 280〜350 kg であり，また耐久性の方から決まる水セメント比は表 11・3 のとおりである．耐久性は水セメント比，空気量のみならず，材料・施工などの各種条件に左右され，したがって実際の現場の環境を考えると，表 11・3 の値よりなるべく小さい値を用いることが望ましい．

強度をもとにして単位セメント量を決めるには，曲げ強度試験による．

(d) **単位混和剤量** 混和剤の量は，所要の品質が得られるように試験によって決めなければならない．耐久性に基づいて空気量を定める場合には，締固め後の空気量は 4 % を標準とする．なお，プラントにおいて練りまぜた直後の空気量は，運搬中の損失量を見込んでおく必要がある．

表 11・5 示方配合の表し方

粗骨材の最大寸法 (mm)	スランプ(または沈下度)の目標値		空気量の目標値		水セメント比 w/c (%)	単位粗骨材容積	単位量 (kg/m³)				
	プラント (cmまたはsec)	現場 (cmまたはsec)	プラント (%)	現場 (%)			水 w	セメント c	細骨材 S	粗骨材 G	混和剤
備考	(1) 設計基準曲げ強度＝　　　N/mm² (2) 配合強度＝　　　N/mm² (3) セメントの種類＝ (4) 粗骨材の FM＝ (5) 粗骨材の種類＝ (6) 粗骨材の空隙率＝　　　% (7) 混和剤の種類＝ (8) 運搬時間＝ (9) 施工時期＝ (10) その他＝										

以上のようにして求めた示方配合は通常表 11・5 の形式で表される．なお，この示方配合に示す細骨材と粗骨材の境界は 5mm，そのいずれも表面乾燥飽和状態のものとする．

11・5 特殊コンクリート
（１） レディーミクストコンクリート

コンクリート舗装にレディーミクストコンクリート (Ready mixed concrete) を使用することがある．この場合には先に述べた所要の品質を満足するもので，その製造工場は舗装工程に見合って出荷できるものでなければならない．レディーミクストコンクリートには，JIS A 5308 の規定があり，これによると舗装用コンクリートとして，粗骨材の最大寸法 40mm・空気量 4％・呼び強度（曲げ）$4.4 N/mm^2$，スランプは 2.5cm と 5.0cm の 2 種類のものがある．

（２） AE コンクリート

普通のコンクリート中に含まれる空気の泡は非常に少ないが，コンクリートに AE 材を入れると独立した小さい気泡が均一に分布する．このようなコンクリートを AE コンクリート (Air entrained concrete) といい，次のようにいろいろな性質が改良されている．

ⅰ）凍結融解の繰返しに対する抵抗を増加する．　ⅱ）舗装のスケーリングすなわち表面が薄くはがれることに対する抵抗を増す．　ⅲ）コンクリートのブリージングすなわち表面への水の上昇が減少する．　ⅳ）コンクリートのプラスチシチーとワーカビリチーが大きくなる．　ⅴ）固まらないコンクリートの材料分離に対する抵抗性を増加する．

以上のことからわかるように，気象作用に対する耐久性が増大し，とくに寒冷地における凍害防止には有効である．

AE 材はセメント中に入っているものと，混合のときミキサに入れるものとがある．ビンゾール樹脂 (Vinsol resin)，ダレックス (Darex) などが AE 材の代表的なものである．AE コンクリートの欠点としては，空気量の増大に伴って強度が低下することである．通常空気量 3～6％ぐらいまではコンクリートの性質にあまり悪影響はないものと考えられ，このくらいの空気量のものが多く使用されている．

11・6 目　　地

コンクリート舗装は温度変化・湿度変化・硬化収縮などによって，伸び縮みあるいはそる．もしコンクリートをひとつづきに打っておくと，この伸縮あるいはそりのために大きな応力を生じ，ひびわれを発生することになる．これを防ぐ目的でスラブに切れ目を入れたものが目地（Joint）である．

(1) 目地の種類

目地は，その方向により縦目地・横目地の2つに，またそのそれぞれは働きと構造によって表11・6のように分けられる．

表 11・6　目地の種類

方向による分類	働きによる分類	構造による分類
縦　目　地	伸　縮　目　地	膨　張　目　地
	そ　り　目　地	ダ ミ ー 目 地
		突 合 せ 目 地
横　目　地	伸　縮　目　地	膨　張　目　地
	収　縮　目　地	ダ ミ ー 目 地
		突 合 せ 目 地
	そ　り　目　地	ダ ミ ー 目 地
		突 合 せ 目 地

縦目地（Longitudinal joint）は，道路の中心線に平行に，通常車線を区分する位置に設ける．ただし，車道と側帯との間にはなるべく設けないようにする．横目地（Transverse joint）は，道路の中心線に対して直角に設けるものである．

以上の縦・横目地の他に，施工機械の故障などのためにやむをえず設けるものに施工目地（Construction joint）がある．また，路面上の電柱・縁石・ポストなどの工作物の周囲にも目地を設ける．間隙は10～20 mm ぐらい，通常アスファルトをてん充する．

(2) 目地の間隔

(a) 縦目地間隔　縦目地間隔とは，縦目地と縦目地あるいは縦目地と縦自由縁部との間隔をいう．この間隔は1車線幅，一般に3.25 m, 3.5 m および3.75 m が多い．さらに大きくすることもあるが，縦ひびわれ防止上5 m 以上に

しない方がよい．

（b） 横目地間隔

（ⅰ） 伸縮目地間隔　　伸縮目地間隔は，表11・7の値を標準とする．

　伸縮目地の役割の一つは座屈（Blow-up）を防ぐことであるが，いままでの経験から目地幅を25mmとして表11・7に示す目地間隔にしておけば座屈しないと考えてよい．

表11・7　伸縮目地間隔（単位m）

スラブ厚（cm）	施工時期	冬（12月～3月）	夏（4月～11月）
15，20		60～120	120～240
25，28，30		120～240	240～480

いま

　　$\varepsilon =$ コンクリートの膨張係数

　　$t =$ 温度の上昇量（℃）

　　$L =$ スラブの長さ（伸縮目地間の間隔）

とすれば，このスラブの膨張量は，スラブと路盤との間の摩擦を無視すれば $\varepsilon t L$ となる．温度変化だけを考えた場合には，この値だけ伸縮できればよいわけであるが，実際には目地材が詰まっている．スラブを $\varepsilon t L$ だけ自由に膨張させるためには，目地材の伸縮しうる量に応じて目地の間隙 s を変える必要がある．目地材の伸縮しうる割合を r とすれば

$$rs = \varepsilon t L$$

$$\therefore \ L = \frac{rs}{\varepsilon t} \tag{11・2}$$

たとえば $r = 0.5$, $s = 25$mm, $\varepsilon = 0.00001$, $t = 30°$ とすれば $L = 41.7$m となる．実際には間隙がなくなっても座屈するまでにはさらに余裕がある．これ以上の L の値を用いてもよいことは表11・7に示したとおりである．

（ⅱ） 収縮目地間隔　　収縮目地は，コンクリートスラブの収縮・そり応力を軽減するものである．その間隔は，スラブの厚さが25cm未満のときには8m，25cm以上のときには10mを標準とする．また，鉄網を省略する場合には5

（3）目地の配列

目地の配列には図11・1のようないろいろなものがある．現在用いられているものは主として十字式（Crossed）である．ほかの千鳥式（Staggered），折衷式（Semi-staggered），または斜式すなわち斜目地（Object joint）などは，横目地の延長上隣のスラブの部分にひびわれが入りやすく，また工事が面倒であり，美観上もよくないなどの理由で，あまり使用されていない．

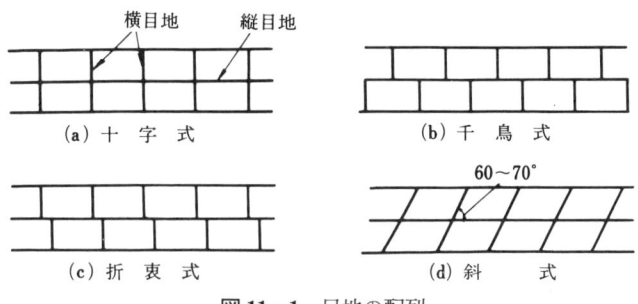

図11・1　目地の配列

(a) 十字式　　(b) 千鳥式　　(c) 折衷式　　(d) 斜式（60～70°）

（4）目地の構造

目地の方向・機能に応じて，突合せ目地（Butt joint），ダミー目地（Dummy joint），膨張目地（Expansion joint）などの構造のものが使用されている．

（a）**突合せ目地**　突合せ目地は両側のスラブを路面に直角に切って，切口をそのままつきつけたものである．通常上部に溝をつくり注入目地材で封ずる．

（b）**ダミー目地**　ダミー目地はコンクリートスラブの上部に溝を作ったもので，通常注入目地材で封ずる．ひびわれの箇所をあらかじめ決めておく格好のものである．

（c）**膨張目地**　膨張目地は温度上昇などによってコンクリートスラブが膨張するときその膨張をある程度自由に許すためのもので，突合せ目地の間隙を広くした形のものである．その目地幅は通常25mmとする．この膨張目地をてん充するためには，下部に目地板をおき，上部に注入目地材を約40mmの深さに注入する．目地板はこの注入目地材をささえ，また夏季に注入目地材があ

まりはみ出さないために使用するものである．

(5) 目地の方向・機能と構造

(a) 縦目地　1車線ずつ施工する場合には，ねじ付タイバーを用いた突合せ目地の構造にする．2車線幅のコンクリートスラブを一度に施工できるときには，できるだけ一度に施工し，中央の縦目地はダミー目地構造とする．目地の上部にはカッタで幅 6～10 mm，深さ 40 mm ぐらいの溝を作り，注入目地材で封ずる．また，ダミー目地の底面には，三角形断面の木材またはL形のプラスチック材を置いてスラブの断面を減少させ，目地の位置にひびわれが入るようにする．この誘導材を置かないときには，スラブに入れる溝の深さはスラブの厚さの約 30 % とする．なお，縦目地はタイバーを用いるのを原則とするが，半径 100 m 以下の曲線区間においては用いない方がよい．

伸縮目地としては膨張目地構造を用いる．

(b) 横目地　収縮目地としては，スリップバーを用いたダミー目地構造を標準とし，1日の舗設の終わりに設ける収縮目地，あるいはやむをえない場合に限って突合せ目地構造を用いる．ダミー目地には，コンクリートが硬化して後カッタで溝を作るカッタ目地と，コンクリートが固まらないうちに溝を作って仮挿入物を入れる打込み目地とがある．通常，大部分のダミー目地はカッタ目地とするが，約 30 m に 1 箇所は打込み目地としている．目地の幅は 6～10 mm，深さはカッタ目地でスラブの厚さの 1/4 程度，すなわち 50～70 mm ぐらい，打込み目地で 40 mm とし，注入目地材を注入する．

伸縮目地としては，スリップバーを用いた膨張目地の構造を用いる．目地幅は 25 mm，下部に目地板を入れ，その上部，表面よりの深さ 40 mm 程度の部分に注入目地材を注入する．

そり目地として働かせるものに対してはダミー目地あるいは突合せ目地の構造を用いるが，補強を鉄網あるいはタイバーで行う．

(c) 施工目地　突合せ目地の構造を用いる．特別なことがなければ収縮目地と一致させる．

(6) 目地の補強

目地を補強するためには前述のようにスリップバー・タイバー・鉄網などが用いられているが，ここではその内のスリップバー・タイバーについて述べる．

これらは輪荷重を隣のスラブへ分けて伝達させると同時に，目地部分でのスラブの垂直移動を防ぐ目的に用いられる．

(a) **スリップバー**(Slip bar，ダウエルバー(Dowel bar))　横目地(伸縮・収縮目地)に使うもので，バーの約半分は一方のスラブにしっかり埋め込み，残り約半分は他の側のスラブ内でぬきさしできるように表面に歴青材料を塗っておく．なお，ぬきさしできる方のバーの先端には，ゴム管などを詰めたブリキ筒のようなキャップを先にすき間を残してかぶせておく．スリップバーには径 25～28 mm ぐらいの鉄筋を使用し，長さ約 70 cm，間隔はたとえば次の例のように端部で狭く，中央部で 40 cm とし，厚さの中央に入れる(日本道路協会：セメントコンクリート舗装要綱参照)．

例　スラブの幅 3.00 m の場合
　　　　(10 cm) + 20 cm + 6@40 cm + 20 cm + (10 cm)
　　　(注)　( )内は，縦自由縁部または縦目地とスリップバーとの間隔を示す．

図 11・2 はスリップバーを用いた目地の構造を示したものである．

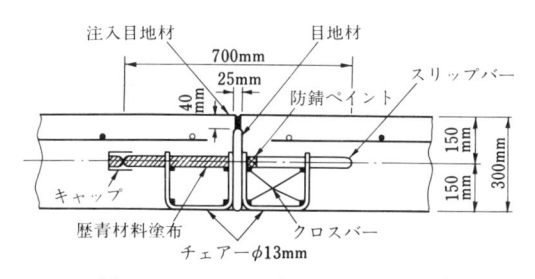

図 11・2　スリップバーを用いた目地

(b) **タイバー**(Tie bar)　タイバーはそり・収縮に対する目地を対象とし，したがって両端とも埋め殺してよい．通常縦目地およびそりに対応する横目地に用いられる．直径 22 mm ぐらいの異形棒鋼が使用され，長さ 100 cm ぐらいのものを間隔 100 cm ぐらいで，通常厚さの中央に入れる．

図 11・3 はタイバーを用いた目地の構造を示したものである．

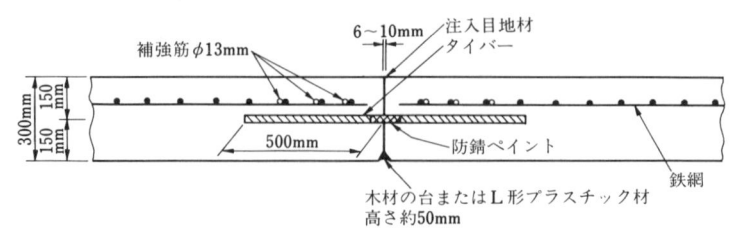

図11・3 タイバーを用いた目地

11・7 舗　　設

コンクリート舗装の施工はだいたい次の順序で行う．

(1) 路盤の仕上げ

路盤は，原則としてコンクリートスラブの両側それぞれ50cm程度広く施工する．また，路盤は一様に締め固まっていて，支持力係数は $K_{30} = 196\,\mathrm{MN/m^3}$ を標準とする．

路盤の耐水性および耐久性を改善する目的で，路盤の最上部にアスファルト中間層（9・5節粒度調整工法参照）を設けることがある．粒状材料を用いた路盤の上には，このアスファルト中間層を設けることが多く，また石灰安定処理材料を用いた場合にはかならずこのアスファルト中間層を設ける．

アスファルト中間層を設けた場合には，アスファルト乳剤を $0.5\sim2.0\,\mathrm{kg/m^2}$ 程度散布し，プライムコートとする．歴青安定処理層の場合には，アスファルト中間層の場合と同じく石粉を塗布する．

(2) 型枠の設置

型枠は原則として鋼製のものを使用し，長さは取扱い上3m程度のものがよい．型枠本体とフィニッシャ用のレールとは分離できる形式のものが望ましく，また，型枠の積みおろしにはクレーン車・フォークリフトなどを使用する．型枠の準備数量は，通常1日の舗装延長の5～6日分ぐらいである．

型枠は，スラブの両側にそれぞれ50cm広げられている路盤の上に設ける．天端の高さは，スラブの計画高と合致させる．型枠の設置が完了したら，くい違い・不陸などの点検を行った後，コンクリートからの取りはずしを容易にするために，型枠の内側に鉱油などのはく離材を薄くかつ一様に塗布する．型枠

はコンクリートの舗設後，20時間以上経過して取りはずす．

（3）コンクリートの練りまぜと運搬

コンクリートを練りまぜて運搬する方式としては，中央混合所方式・移動混合所方式・中央計量現場ねりまぜ方式その他いろいろな方法がある．通常中央混合所方式が採用される．

（a）中央混合所方式 中央混合所方式とは，材料の貯蔵・計量・練りまぜの設備をもったプラントでコンクリートを練りまぜ，これを現場に運搬する方式である．現場付近にプラントを設ける場合とレディ－ミクストコンクリートを利用する場合とがある．

まず，はじめに現場付近にプラントを設ける中央混合所方式を説明する．配合設計によって求めた示方配合を現場配合に直し，これに基づいて各材料を計量する．この計量した材料をミキサに入れて均等質になるように練りまぜる．練りまぜたコンクリートは，材料が分離しないようにして運搬し，速やかに舗設する．通常，練りまぜてから舗設するまでの時間はダンプトラックで約1時間，アジテータトラック（かきまわし装置をもつトラック）で約1.5時間とする．

レディーミクストコンクリートを利用する場合には，必要な品質と数量のコンクリートが円滑に入手できるような工場を選定することが大切である．

（b）移動混合所方式 現場にミキサを据えて材料の計量・混合を行うもので，管理に注意を要する．設備は現場とともに移動させる．通常小規模な工事の場合にだけ採用する．

（c）中央計量現場ねりまぜ方式 プラントで計量した材料をダンプトラックで舗設現場まで運搬し，そこに設けてあるミキサで練りまぜる方法である．舗設が管理しやすく，運搬によるコンクリートの分離が少ないが，舗設機械（Paver）が大きく，現場に余裕スペースや給水設備が必要であり，現在ではあまり用いられていない．

（4）コンクリートの荷おろしと敷きならし

コンクリートを路盤上におろし舗設を始める前に，路盤面の清掃・バーアセンブリ（後述）の設置などを行う．

（a）荷おろし コンクリートの荷おろし方法としては，ダンプトラックあるいはアジテータトラックから直接荷おろしする方法と，ダンプトラックか

ら荷おろし機械を使って荷おろしする方法がある．

ダンプトラックから直接荷おろしする方法には，直接路盤上または下層コンクリート上に荷おろしする方法と，いったんボックス型スプレッダのボックスに荷おろしして，改めて路盤上または下層コンクリート上に敷きならす方法とがある．アジテータトラックからの直接荷おろしは，アジテータトラックのシュートを有効に利用し，均等質なコンクリートが得られるようにする．

ダンプトラックから機械を使って荷おろしする方法にも，直接路盤上または下層コンクリート上に荷おろしする方法と，ボックス型スプレッダのボックスに荷おろしする方法とがある．荷おろし機械には，横取り型と縦取り型の2種類がある．横取り型は，舗設車線外のダンプトラックから舗設車線内にコンクリートを荷おろしするもの，縦取り型は，舗設車線内を後退してきたダンプトラックからコンクリートを荷おろしするものである．

（b）敷きならし　コンクリートの敷きならしは，鉄網の上・下2層に分けてスプレッダによって行う．

型枠やバーアセンブリ（後述）付近は，均等にコンクリートを敷きならすことが難しいのでとくに注意を要する．また，スプレッダが使えないとき，あるいはコンクリートを移動するときには，スコップによる敷きならしが必要になる．

（5）鉄網および縁部補強鉄筋の設置

鉄網および縁部補強鉄筋は，設置前に路側に仮置きしておくか，メッシュカートと呼ばれる台車に載せておく．このようにして準備された鉄網および縁部補強鉄筋は，下層コンクリートを敷きならした後，その上に一般に人力で設置するが，ときにはメッシュカートに小型クレーンを載せて，これによっておろすこともある．鉄網は，通常コンクリートスラブの表面より1/3の深さの位置に設置するのを目標とする．

（6）コンクリートの締固め

コンクリートの敷きならし，鉄網・縁部補強鉄筋の設置が終わった後，締固めを行う．締固めは，下層・上層コンクリートの全厚を1層で行うのを原則とする．

締固めには，通常表面振動式のフィニッシャを使用するが，内部振動式の機械を使うこともある．また，これらの締固め機械では，型枠の縁・隅，目地部

などの締固めが不十分になりがちなので，棒バイブレータを使ってこれらの部分をあらかじめ締め固めておくことが望ましい．

手作業による敷きならしの場合には，平面バイブレータを使うこともあるが，型枠の縁や隅または目地部などに対しては棒バイブレータを使用する．

(7) 目地の施工

目地は設計どおりの位置に，スラブ面に垂直になるように施工する．目地の肩は，面ごてで半径5mm程度の面取りをする．ただし，硬化後カッタで目地溝を設ける場合にはこの面取りは行わない．

縦目地には，構造によって分けるとダミー目地と突合せ目地の2種類があるが，2車線幅のスラブを同時に舗設する場合には，その中央の目地はダミー目地とする．

横目地には，その働きによって分けると膨張目地と収縮目地があり，またそれぞれの目地に1日の舗設の終わりに設けるものと，1日の舗設の途中に設けるものとがある．

タイバーをチェアで組み立てたものをタイバーアセンブリ，スリップバー・目地板(収縮目地の場合スリップバーのみ)をチェアで組み立てたものをスリップバーアセンブリという．目地部にはまずこれらのアセンブリを設置し，ついで目地の両側の舗設を行う．

目地溝への注入目地材の注入は，コンクリートスラブの養生が終わった後に行う．注入目地材としては通常加熱式のものが用いられ，これには低弾性タイプのものと高弾性タイプのものとがある．目地溝を清掃して乾燥させ，まずプライマーを $0.2 \sim 0.3 \, l/m^2$ 程度吹きつける．ついで $170 \sim 200°C$ 程度に熱した注入目地材を注入する．注入目地材の代わりに中空目地材を使うことがある．中空目地材は中空ゴムの成型品で，接着剤で接着させる．

(8) 表面仕上げ

コンクリートスラブの表面仕上げは，締固めに引続いて，荒仕上げ・平坦仕上げ・粗面仕上げの順序で行う．

(a) 荒仕上げ　テンプレートタンパ・簡易フィニッシャ・ローラ型簡易仕上げ機械などで行う．

テンプレートタンパは，$10 \times 20 \, cm$ ぐらいの角材で，これでコンクリートの

表面をたたきながら，その表面を型枠天端にそろえていく．

簡易フィニッシャは，長さ3～5.5m程度の鋼製のI型ビームに振動機を載せたものである．

ローラ型簡易仕上げ機械は，両側の型枠天端に3本のローラをまたがらせたものである．1番目のローラを振動させてコンクリートを整形し，2番目・3番目のローラを回転させて荒仕上げするものである．

（b）**平坦仕上げ**　　フロートあるいはパイプなどで行う．

フロートは木製で，幅約25cm・長さ1～1.2mの板に柄をつけたものと，幅約15cm・長さ1.5～2mの板に柄をつけたものとがある．前者で荒仕上げ直後の小波をとり，ついで後者で平坦に仕上げる．

パイプによる平坦仕上げには直径15cmぐらいの鋼製パイプを使用する．荒仕上げ後，このパイプの両端を型枠上に載せ，パイプの両端に取りつけたワイヤロープを引っ張り，パイプによってコンクリート表面を削る．この操作を2～3回行って平坦に仕上げる．

（c）**粗面仕上げ**　　ナイロン・スチール・シュロなどのほうきで行う．粗面仕上げは，長さの方向に直角に，スラブ全体に均等に行う．

（9）**養　　生**

舗設したばかりのスラブは，日光の直射・風雨・乾燥・荷重・衝撃などによって悪影響を受ける．スラブが所要の強度・耐久性・すりへりに対する抵抗性などの品質をもち，交通に開放できるようになるまで適当な処置を行うことが養生（Curing）である．この養生は初期養生と後期養生に分けられる．

（a）**初期養生**　　初期養生は，表面仕上げ終了後からコンクリートスラブの表面が荒らされないで養生作業ができる程度にコンクリートが硬化するまでに行う養生である．この初期養生には三角屋根養生・膜養生などの方法がある．

三角屋根養生は，水分の蒸発を少なくすること，直射日光を避けること，風を防ぐこと，にわか雨を防ぐことなどを目的とするものである．そのために，コンクリートスラブ全体を囲むことのできるようなフレームを用意し，三角屋根または天幕で周囲を覆う．三角屋根または天幕で覆っておく時間は2～3時間程度である．

膜養生は，スラブの表面に膜養生剤を散布して膜を作り，コンクリートの水

分の蒸発を防ぐもので，初期養生にだけでなく，後期養生にも使える．この膜養生の場合においても三角屋根覆いを併用する方がよい．膜養生剤としてはビニール乳剤（原液濃度で $0.07\,\mathrm{kg/m^2}$ 以上）などを使用する．また，膜養生剤には通常白色顔料をまぜて使う．

（b）**後期養生**　初期養生後，コンクリートの硬化を十分に行わせるために，水分の蒸発・急激な温度変化を防ぐ目的で湿潤状態に保つ養生が後期養生である．

マット・スポンジ・麻袋・むしろなどをスラブの表面に覆って，その上から散水する．散水は，散水車によるか，ビニール管を配置してスプリンクラーで行う．散水が行えない場合には，膜養生による．

養生期間は原則として試験によって定める．この場合，現場養生供試体の曲げ強度が $3.4\,\mathrm{N/mm^2}$ 以上になるまで行う．試験によらない場合には，普通ポルトランドセメントを使ったときに2週間，早強ポルトランドセメントを使ったときに1週間，中庸熱ポルトランドセメントおよびフライアッシュセメントを使ったときに3週間を標準とする．

（10）**留 意 事 項**

その他とくに留意すべきことについて述べておく．

（a）**暑中および寒中コンクリート**

ⅰ）**暑中コンクリート**　コンクリートの温度が高いときには，水和作用が促進され，水分の蒸発が多くなるので，コンクリートを取り扱える時間が短くなり，スラブの表面にひびわれの発生するおそれがでてくる．これに対応するためには，材料の温度の低下・水量やセメント量の割増し・迅速な施工・入念な養生などに努めることが必要である．

ⅱ）**寒中コンクリート**　コンクリートの温度が低いときには，硬化に時間がかかり，固まっていないコンクリートは約 $0℃$ で凍結し，硬化しなくなる．日平均気温が $4℃$ 以下，または舗設後6日以内に $0℃$ になるような寒中には，特別に注意する．水や骨材の加温・初期強度の大きいセメントの使用・施工時の保温・迅速な施工・入念な養生などが必要である．

（b）**初期ひびわれ**　初期ひびわれは，舗設直後から数日の間に発生するひびわれで，沈下ひびわれ・プラスチックひびわれ・温度ひびわれなどがある．

沈下ひびわれ・プラスチックひびわれはいずれも，舗設直後に発生し，長さは数 cm から数 10 cm である．沈下ひびわれは不等沈下により，プラスチックひびわれは養生の不十分・遅い手直し・配合の不適当などにより生ずる．

温度ひびわれは，舗設の翌日から数日の間にかけて発生し，スラブの全幅・全厚に達することがある．コンクリートの温度・気温・湿度・風・スラブの拘束条件などに起因するといわれている．

以上のひびわれのうち，細かいひびわれに対しては，固まらないうちはこてなどでたたいて閉じさせ，硬化後はパラフィン・合成ゴムなどでシールする．また，大きいひびわれに対しては，注入目地材を注入する．

11・8 鉄網および鉄筋による補強

コンクリート舗装は鉄網を入れるのを原則とする．これは，普通の鉄筋コンクリートと違い，次のような目的をもっている．

ⅰ）ひびわれが開いて大きくなるのを防ぐ．　ⅱ）生じたひびわれのためスラブの一部が沈下したり上昇したりして，段ちがいが生じるのを防ぐ．

すなわちひびわれの広がるのを防止できる．通常同一径の鉄筋であらかじめ溶接して組み立てられている鉄網が使用される．すなわち径 6 mm の異形棒鋼を 150 × 150 mm の格子（約 3 kg/m²）に組んで溶接したものを標準としている．鉄網の位置は，コンクリートを 2 層に分けて施工する場合には，表面に近くスラブの厚さの 1/3 の所を目標にし，この目標に対して ± 3 cm の範囲の誤差は許される．

鉄網に使用する鉄筋量の計算には通常次の式を使っている．

$$A = \frac{fWLh}{2\sigma_{sa}} \tag{11・3}$$

ただし　$A = L$ を測った方向における幅 1 m 当りの鉄筋断面積 (cm²)

　　　　$f =$ コンクリートスラブと路盤との間の摩擦係数 (0.5〜2.0)

　　　　$W =$ コンクリートの単位体積質量 (kg/m³)

　　　　$L =$ 縦鉄筋の場合には自由横目地間隔 (m)

　　　　　　横鉄筋の場合には自由縦目地間隔 (m)

　　　　$h =$ スラブの厚さ (m)

σ_{sa} = 鉄筋の許容引張応力 (N/mm²)

　鉄網の他に，隅角部あるいは縦縁部に補強鉄筋を入れることがある．隅角部に対しては径 12～19 mm，長さ 60～100 cm ぐらいのものを 2～4 本ぐらい，上面より 5～7.5 cm ぐらいの所に放射線状に入れることが多い．縦縁部に対しては通常径 13 mm の異形棒鋼を 3 本結束して入れる．

　コンクリート舗装が橋台やボックスカルバートのような横断構造物に接続する場合には，スラブの厚さを増し，鉄筋で補強する必要がある．たとえば橋台に接する箇所には，上下に径 13～16 mm の鉄筋を入れた厚さ 35 cm の踏掛版を設ける．

11・9　特殊舗装工法

(1)　連続鉄筋コンクリート舗装

　コンクリート舗装の横目地は車の走行にとって好ましいものではない．この横目地をまったく省いたものが連続鉄筋コンクリート舗装で，スラブに生ずるひびわれを縦方向鉄筋によって実用上差支えない程度に細かく分散させたものである．スラブの厚さは，L・A・B 交通に対して 20 cm，C・D 交通に対して 25 cm を標準としている．鉄筋の径および間隔は表 11・8 のとおりである．

表 11・8　連続鉄筋コンクリート舗装の鉄筋の径と間隔

スラブの厚さ (cm)	縦方向鉄筋		横方向鉄筋	
	径 (mm)	間隔 (cm)	径 (mm)	間隔 (cm)
20	16	15	13	60
	13	10	10	30
25	16	12.5	13	60
	13	8	10	30

(2)　プレストレストコンクリート舗装

　コンクリートスラブにあらかじめプレストレスを導入したものを利用した舗装である．スラブの厚さは通常 15 cm，PC 鋼材の位置はかぶりが確保できる範囲でなるべくスラブの下側とする．プレストレスの導入には，ポストテンション・プレテンションいずれの方式も使われている．

（3） ホワイトベース(White base)

ホワイトベースはアスファルト舗装の基層として使われるコンクリートスラブである．厚さは 20～25 cm，膨張目地は通常設けない．横収縮目地の間隔はコンクリート舗装と同じとし，スリップバーを入れる．鉄網は入れるが，縁部補強鉄筋は使わない．表層のアスファルト舗装の厚さは 8 cm 以上とし，その施工に先立ってホワイトベース上に $1.0 \, l/m^2$ 程度のタックコートを施す．

（4） 鋼繊維補強コンクリート舗装

長さ 30 mm，断面積 $0.5 \, mm^2$ ぐらいの鋼繊維を，容積比で 1～2％程度コンクリートに混入したものを使って舗装したものである．粗骨材の最大寸法や単位粗骨材容積は，普通の舗装用コンクリートより小さくする．曲げ強度やひびわれ抵抗性が普通のコンクリート舗装より大きい．

（5） 真空コンクリート工法

打込み直後のコンクリート面に気密な覆い（真空マット）をして，真空ポンプによってコンクリート面に接する部分の気圧を下げ（たとえば水銀柱 380～500 mm），コンクリートの中の余分な水分を吸引除去すると共に，大気圧によってコンクリートに圧力が加わる工法である．この真空コンクリート工法の主な利点は次のとおりである．

　ⅰ）早期強度が大きくなり，養生期間が短縮できる． ⅱ）長期強度が増大する． ⅲ）表面が固くなり，摩耗抵抗が増す． ⅳ）硬化収縮が減少する． ⅴ）凍結融解に対する抵抗が増す． ⅵ）施工後硬化に対しては余分な水が除去できるので，ワーカビリチーの大きいコンクリートを使用できる．

（6） スリップフォーム工法

スリップフォームペーバを使ってコンクリートスラブを舗設する工法がスリップフォーム工法である．このペーバは，敷きならし・締固め・平坦仕上げの機能を兼ね備えていて，型枠を使用しなくても舗設できる．

（7） 転圧コンクリート工法

マカダムローラとタイヤローラまたは振動ローラを併用してコンクリートを転圧する工法で，通常ホワイトベースの施工に用いられる．単粒度粗骨材とモルタルを混合したものと，舗装用コンクリートの単位水量を少なくしたものとがある．

（8）サンドイッチ版

軟弱な路床上にアスファルト舗装を舗設するとき，路床上にコンクリートスラブを設けると有効である．このスラブをサンドイッチ版という．このスラブの厚さは 15～20 cm，路床上に砂あるいはクラッシャランを敷きならして，その上に単位セメント量 220 kg 程度のコンクリートスラブを設けるものである．

11・10　管理および検査

管理と検査は，歴青系舗装の場合（10・9 節参照）と同じ趣旨で考えればよい．すなわち，基準試験・出来高および品質の管理・検査・記録の保存の手順で行う．

（1）基　準　試　験

コンクリートに使う材料，鋼材，目地材料，路床・路盤材料などについて規格に合っているかどうかの試験を行うとともに，コンクリートの配合設計を行う．なお，この基準試験によって管理上必要な基準値を確認する．

コンクリートプラント・運搬機械・舗設機械などの施工機械について点検，あるいは必要に応じて試験し，性能検査を行う．レデーミクストコンクリートを使用する場合，JIS 表示許可工場ならば，試験を省略してよい．

（2）出来高および品質の管理

出来高管理は，基準高・幅・延長・厚さおよび平坦性について行う．たとえば路床（基準高・幅），路盤（基準高・幅・厚さ），スラブ（幅・厚さ・平坦性）について，スラブの厚さは車線に沿って 40 m ごとに，というように頻度を定めて測定する．

品質管理は，路床・路盤・コンクリートスラブなどについて項目・試験方法・頻度・管理の限界などを定めて行う．

（3）検　　　査

検査は，路盤・スラブの出来高および品質について行う．方法としては，抜取り検査によるものと管理データによるものがある．ただし，スラブの出来高は抜取り検査とし，管理データによる方法は使わない．

（4）記　録　の　保　存

舗装工事完了後，完成日時・設計条件・断面構成・施工などの記録を適切な

方法で保存する．

問　題

11・1 厚さ 25cm のコンクリートスラブに対して，適当と考えるコンクリートの示方配合を表 11・5 に従って作成せよ．

11・2 現在住んでいる都市のコンクリート舗装につき，そのスラブの厚さ，目地の間隔，構造を調査せよ．

11・3 現在住んでいる都市においてコンクリート舗装用のレデーミクストコンクリート工場の有無およびその状況を調べよ．

11・4 厚さ 25cm，横目地間の間隔 8m のコンクリート舗装スラブを鉄筋で補強する場合，縦鉄筋に必要な鉄筋量を求めよ．ただし，コンクリート舗装スラブと路盤との間の摩擦係数は 1.5，コンクリートの単位体積質量は $2,400\,\mathrm{kg/m^3}$，鉄筋の許容引張応力は $127.4\,\mathrm{N/mm^2}$ とする．また，径 6mm の鉄筋を用いるとすれば鉄筋の間隔はいくらにしたらよいか．

第12章 ブロック舗装

12・1 まえがき

あらかじめ適当な材料でブロックを作っておいて，それを舗装箇所に持ってきて敷いたものがブロック舗装 (Block pavement) である．古くから用いられているものであるが，自動車に対しては前に述べたアスファルト舗装，コンクリート舗装の方が適している．ブロック舗装は主として歩行者・自転車を対象にした歩行者系道路に使用されている．ブロック舗装に用いられているブロックの種類には次のようなものがある．

　　木塊，天然石(板石・小舗石)，れんが，コンクリート平板，アスファルトブロック，インターロッキングブロック，タイルなどの化粧材

現在用いられているブロック舗装の主なものには次のようなものがある．
 i) 坂道，交差点などにおける小舗石，歴青浸透溝付れんが
 ii) 電車の軌道敷あるいは踏切における板石，コンクリートブロック
iii) 橋面舗装としてのアスファルトブロック
iv) 歩道，公園，遊歩道などにおける各種ブロック
 v) 商店街における各種ブロック

12・2 ブロックの大きさと材質

ブロックの寸法は，その種類によってさまざまであるが，表12・1はその例を示したものである．

木塊としては通常松材に防腐剤としてクレオソート油を注入したものを使用する．

天然石(板石・小舗石)は質が均一で，ち密な花崗岩・安山岩が望ましい．板

表 12・1 ブロックの寸法の例 （単位 cm）

種類	長さ	幅	厚さ
木塊	20	10	8～10
板石	30～50	15～30	8～15
	25	25	8～15
	33	33	8～15
	40	40	8～15
小舗石	6～12	6～12	6～12
れんが	20	9	7.5
コンクリート平板	28～36	28～36	6
アスファルトブロック	24～30	12	2～6

石としては鉄平石・大谷石が著名であるが，輸入石材も多く使われている．

れんがとしては，頁岩れんが・耐火れんが・鉱さいれんがなどが使用されているが，そのうち頁岩れんががもっとも多い．

コンクリート平板・アスファルトブロックは以前から使われていたが，インターロッキングブロック（厚さ 6～8 cm）・タイルなどの化粧材は以後美観の観点から使用されるようになってきたもので，各種のものが試みられている．

12・3 構　　造

タイルなどの化粧材以外のブロック舗装の構造は，図 12・1 に示すように四つの部分からなっている．

路盤は，厚さ 10～15 cm の粒状材料あるいはコンクリートの層とする．

クッション (Cusion, Bedding course) は，路盤面のでこぼこ・ブロックの厚さの相違などのため舗装面にでこぼこができたり，またブロックのすわりが悪かったりするのを防ぐ目的で，セメントモルタルやアスファルトを路盤とブロックの間に入れるものである．

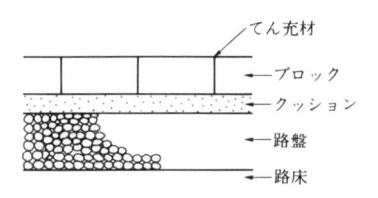

図 12・1　ブロック舗装の構造

てん充材(Filler)は，ブロックの間のすき間すなわち目地をてん充してブロックの動きを止めると共に水が入るのを防ぐためのものである。目地の間隙は木塊・小舗石などでは 3～4 mm 程度，ほかの場合には 5～10 mm 程度とする。

ブロックの種類に応ずるクッションの種類・厚さ，てん充材の種類は表 12・2 のとおりである。

セメントモルタルの配合はセメント量 500 kg/m³ 程度，またアスファルトモ

表 12・2　クッションの種類・厚さ，てん充材の種類

ブロック	クッション		てん充材
	種　類	厚さ (cm)	種　類
木　　塊	加熱タールあるいはアスファルトを 3～5 kg/m² 散布，その上に砂をまく	—	硬いタール ブローンアスファルト
板　　石	砂 セメントモルタル	3～4 2～3	砂
小 舗 石	セメントモルタル	2	やわらかいセメントモルタル
れ ん が	セメントモルタル アスファルトモルタル	2～3 2.5	アスファルトモルタル セメントモルタル 砂
コンクリート平　　板	砂 セメントモルタル	3～4 2～3	砂 セメントモルタル
アスファルトブ ロ ッ ク	セメントモルタル アスファルトを塗布	0.5～1 —	アスファルト乳剤
インターロッキングブロック	砂 セメントモルタル	3 3	砂 セメントモルタル

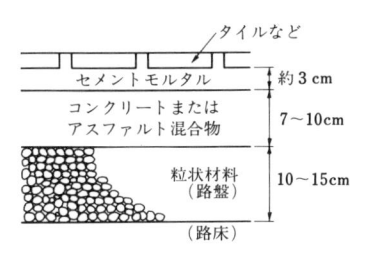

図 12・2　タイルなどの化粧材による舗装の構造

ルタルはアスファルト5〜8％，砂（2mm以下）92〜95％ぐらいの配合とする．砂は径3mm以下のものを使用する．

タイルなどの化粧材を使うときの舗装の構造は図12・2のとおりである．

12・4 ブロックの並べ方

もっとも多いブロックの並べ方は図12・3のような直線式で，通常は通し目地にならないようにする．しかし，コンクリートブロック，アスファルトブロック，板石などでは通し目地にすることが多い．

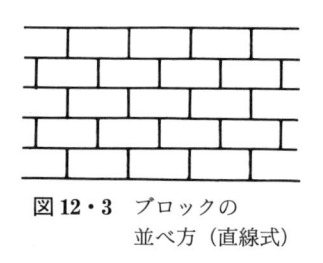

図12・3 ブロックの並べ方（直線式）

小舗石の場合には，通常図12・4のような円弧式を使用する．円弧は4分円，すなわち中心角が直角なものを使用し，道路の両端において円弧の頂がくるようにする．弦の長さは道路幅に応じて0.8〜1.7mぐらいにするが，通常1〜1.5mが多く用いられている．また傾斜した道に対しては円弧の頂を上の方に向ける．

公園・商店街などでは，ブロックを寄せ木細工のように並べたいわゆる寄せ木細工式を使用して美観的にすることがある．

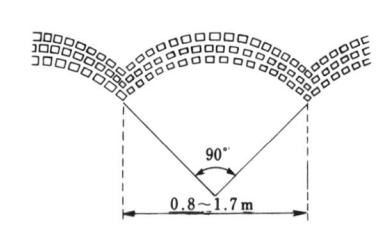

図12・4 ブロックの並べ方（円弧式）

12・5 舗　　　設

　路盤は前述のように粒状材料あるいはコンクリートの層にするが，この路盤ができ上がったならばその上にクッションを置き，さらにその上にブロックを並べる．ブロックが小舗石，れんがなどのときには，たこやローラなどで締め固める．クッションがセメントモルタル，アスファルトなどのときには，これらがやわらかいうちに並べ終わらなければならず，またセメントモルタルのときにはブロックはぬらして並べることが必要である．

　ブロックを並べ終わったならば，てん充材を入れる．砂・セメントモルタルの場合には，路面に散布してほうき・ブラシなどで目地へ掃き込む．なお，セメントモルタルの場合には，伸縮目地が必要であり，通常横目地は 10～30 m ぐらいの間隔，縦目地は両側に設ける程度にする．アスファルトの場合にはブロック間の間隙に直接注入する．

　以上の作業が終わったならば，とくにセメントモルタルに対しては適当な養生を行った後初めて交通に開放する．

問　　題

12・1　現在住んでいる都市にあるブロック舗装の種類と現状を調査せよ．
12・2　ブロック舗装の長所・短所について検討せよ．

索　引

あ　行

アクリル樹脂 …………………………178
アスファルトコンクリート …………180
アスファルト混合物 …………………179
アスファルト中間層 ……………164, 218
圧縮・引張応力 …………………149, 151
アッターベルグ限界 …………………108
アニオン系 ……………………………176
アピアン道路 ……………………………4
アーリントンの半実験式 ………148, 155
安全視距 …………………………………69
安全車両間隔 …………………………42
安全島 ……………………………………90
安定剤 …………………………………176
安定度 …………………………………183
案内標識 ………………………………101
一時停止制御 …………………………88
一酸化炭素 ……………………………48
一般交通量調査 ………………………17
一般国道 …………………………………7
移動混合所方式 ………………………219
岩間の方法 ……………………………154
引火点 …………………………………179
インターチェンジ ……………………92
インパクトスタディ …………………24
ウエスターガードの式 ………………146
右折車線 ………………………………54
打換え工法 ……………………………201
ウレタン樹脂 …………………………178
雨裂浸食 ………………………………133
運転速度 ………………………………33
AASHTO の道路試験 ………………145
AASHTO 分類法 ……………………108
AE コンクリート ……………………212
AC 法 …………………………………110

液性限界 ………………………………108
液体アスファルト ……………………177
エポキシ樹脂 …………………………177
追越視距 …………………………69, 73
横断勾配 ………………………………67
横断地下道 ……………………………103
横断排水溝 ……………………………129
横断歩道 ………………………………90
横断歩道橋 ……………………………103
置換工法 ………………………………116
押さえ盛土工法 ………………………116
OD 調査 …………………………………19
OD 表 ……………………………………20
オーバーレイ工法 ……………………201

か　行

街　渠 ……………………………58, 128
改質アスファルト ……………………175
開発交通量 ……………………………38
街路樹 …………………………………97
拡　幅 …………………………………81
荷重軽減工法 …………………………116
下層路盤 ………………………………160
加速車線 ………………………………54
片勾配 …………………………………78
型　枠 …………………………………218
カチオン系 ……………………………176
カットオフ ……………………………100
カットバックアスファルト …………177
カードボードドレーン工法 …………116
加熱アスファルト安定処理 …………168
加熱混合式工法 ………………………184
可能交通容量 …………………………44
空継手 …………………………………130
間隙比 …………………………………105

間隙率 …………………………………106
含水比 …………………………………106
乾燥密度 ………………………………106
緩速載荷工法 …………………………116
緩速車 ……………………………………60
寒中コンクリート ……………………223
岩盤上の舗装 …………………………198
管理および検査 …………………199,227
緩和曲線 ……………………………76,83
緩和区間 …………………………………83
起終点調査 ………………………………19
基準照度 ………………………………100
規制標示 ………………………………102
規制標識 ………………………………101
基　層 …………………………………138
基本交通容量 ……………………………43
基本交通量 ………………………………37
ギャップ ………………………………180
協同一貫輸送 ……………………………1
橋面舗装 ………………………………196
橋梁の歩道部分の舗装 ………………196
曲線長 ……………………………………80
曲線半径 …………………………………76
曲線部縦断勾配 …………………………66
切　土 …………………………………122
切土部の勾配 …………………………123
空間平均速度 ……………………………32
空気抵抗 …………………………………61
区間速度 …………………………………34
グースアスファルト舗装 ……………188
クッション ……………………………230
屈折車線 …………………………………54
グラビティーモデル法 …………………39
クランダル螺線 …………………………86
グルーピング工法 ……………………192
クロソイド ………………………………85
群指数 …………………………………110
警戒標識 ………………………………101
経済効果 …………………………………24
経済調査 …………………………………21
K　値 …………………………………141
けん引抵抗 ………………………………61

現況調査 …………………………………15
現在パターン法 …………………………39
減水剤 …………………………………207
減速車線 …………………………………54
光化学スモッグ …………………………48
高級路面 ………………………………139
後期養生 ………………………………223
光源の種類 ………………………………99
交　差 ……………………………………87
鋼　材 …………………………………208
剛性舗装に生ずる応力 ………………145
剛性舗装の厚さの設計 ………………152
剛性路面 ………………………………140
鋼繊維補強コンクリート舗装 ………226
高速自動車国道 …………………………7
交通荷重 ………………………………138
交通希望線 ………………………………20
交通公害 …………………………………47
交通工学 …………………………………30
交通事故 …………………………………12
交通速度 ……………………………19,33
交通調査 …………………………………17
交通島 ……………………………………90
交通密度 …………………………………32
交通容量 …………………………………41
交通流 ……………………………………30
交通量 ………………………………17,35
公　道 ……………………………………10
勾配抵抗 …………………………………61
剛比半径 ………………………………148
国土開発幹線自動車道建設法 …………7
固結工法 ………………………………117
個別的推定法 ……………………………36
ゴム・熱可塑性エラストマー入りアスファ
　ルト …………………………………175
コンクリートの締固め ………………220
コンクリートの荷おろしと敷きならし 219
コンクリートの配合 …………………208
コンクリート舗装 ……………………204
混雑度 ……………………………………45
コンシステンシー限界 …………107,108
コントロールトータル …………………39

コンポジット舗装 …………………190	地盤の改良 …………………………115
混和剤 ………………………………207	CBR ………………………………140
混和材料 ……………………………207	CBR試験 …………………………141
	シープスフートローラ ……………120
さ 行	締固め仕事量 ………………………118
載荷重工法 …………………………116	締固め方法 …………………………119
細骨材 ………………………………205	車間距離 ………………………………31
最小視認距離 …………………………88	車軸抵抗 ………………………………61
再生加熱アスファルト混合物 ……181	車 線 …………………………………30
最大縦断勾配 …………………………62	しゃ断暗渠 …………………………130
最多速度 ………………………………34	しゃ断層 ……………………………160
最適含水比 …………………………118	車 道 …………………………………53
左折車線 ………………………………54	車頭間隔 ………………………………31
サービス水準 …………………………45	車頭間距離 ……………………………31
三塩化エタン可溶分 ………………179	車頭時間 ………………………………31
30番目時間交通量 ……………………36	車頭時間間隔 …………………………31
三段階推定法 …………………………38	車両の大きさ …………………………51
サンドイッチ版 ……………………227	車両費 …………………………………23
サンドイッチ舗装 …………………190	収縮限界 ……………………………108
サンドコンパクションパイル工法 …116	修正CBR …………………………142
サンドドレーン工法 ………………116	縦断曲線 ………………………………64
サンドマット工法 …………………117	縦断勾配 ………………………………59
仕上げ転圧 …………………………186	縦断勾配の制限長 ……………………63
支圧応力 ……………………………146	12時間交通量 …………………………18
視 距 …………………………………69	重力水 ………………………………128
指示標示 ……………………………102	樹脂系結合材料 ……………………177
指示標識 ……………………………101	出発地・目的地調査 …………………19
支持力係数 …………………………140	主要地方道 ……………………………10
自然増加交通量 ………………………37	常温混合式工法 ……………………187
視線誘導標 …………………………103	衝撃荷重 ……………………………138
市町村道 ………………………………7	上層路盤 ……………………………161
シックリフト工法 …………………169	蒸発試験 ……………………………179
実施計画 ………………………………28	初期ひびわれ ………………………223
湿潤密度 ……………………………106	初期養生 ……………………………222
実用交通容量 …………………………44	植樹帯 …………………………55, 98
自転車専用道路 ………………………57	植生工 ………………………………123
自転車駐車場 …………………………57	暑中コンクリート …………………223
自転車道 ………………………………56	初転圧 ………………………………186
自転車歩行者専用道路 ………………57	シール材注入工法 …………………202
自転車歩行者道 ………………………56	シルト質 ……………………………110
私 道 …………………………………10	真空コンクリート工法 ……………226
始動抵抗 ………………………………62	信号交差点の交通容量 ………………46

238　索　引

信号制御 …………………………88
伸　度 ……………………………178
針　度 ……………………………178
浸透式工法 ………………………171
振動締固め工法 …………………116
浸透水量 …………………………156
針入度 ……………………………178
ストレートアスファルト ………174
すべり止め舗装 …………………192
隅切り ……………………………90
スリップバー ……………………217
スリップバーアセンブリ ………221
スリップフォーム工法 …………226
制動停止視距 ……………………69
石油アスファルト ………………174
石油アスファルト乳剤 …………176
石油樹脂 …………………………177
施工目地 ……………………213, 216
石灰安定処理工法 ……………161, 167
設計交通容量 ……………………44
設計交通量 ………………………36
設計支持力係数 …………………153
設計CBR …………………………142
設計速度 …………………………52
切削工法 …………………………202
接触円等値半径 …………………138
セミカットオフ …………………100
セミブローンアスファルト ……176
セメント …………………………205
セメント安定処理工法 ………160, 165
セメントコンクリート系舗装 …139
セメント・瀝青安定処理工法 …170
全緩和屈曲 ………………………86
線　形 ……………………………75
ソイルセメント …………………165
騒　音 ……………………………49
増加交通量 ………………………37
走行速度 ………………………19, 33
総合的推定法 ……………………36
層状浸食 …………………………133
促進剤 ……………………………207
側　帯 ……………………………56

粗骨材 ……………………………206
塑性限界 …………………………108
塑性指数 …………………………108
塑性図 ……………………………110
塑性変形輪数 ……………………156
側　溝 …………………………58, 127
外側分離帯 ………………………55
そり応力 ……………………150, 152
ゾーン間交通量 …………………38
ゾーン内交通量 …………………41

た　行

大気汚染 …………………………47
タイバー …………………………217
タイバーアセンブリ ……………221
待避所 ……………………………57
耐摩耗性舗装 ……………………191
耐油性舗装 ………………………194
耐流動性舗装 ……………………191
ダウエルバー ……………………217
タクシー停車帯 …………………57
多層弾性理論 ……………………145
タックコート …………………185, 199
縦目地 ………………………213, 216
縦目地間隔 ………………………213
ダミー目地 ………………………215
たわみ性舗装の厚さの設計 ……143
たわみ性路面 ……………………140
単位混和剤量 ……………………211
単位水量 …………………………211
単位セメント量 …………………211
単位粗骨材容積 …………………210
炭化水素 …………………………48
単曲線 ……………………………75
段切り ……………………………72
段差すりつけ工法 ………………201
タンピングローラ ………………120
単路部の交通容量 ………………44
地域間産業連関分析 ……………25
遅延剤 ……………………………207
地下排水 …………………………128
地下排水溝 ………………………129

索　引　**239**

窒素酸化物 …………………………48	道路植樹 …………………………97
地点速度 ………………………19, 33	道路整備特別措置法 ……………12
着色剤 ……………………………207	道路調査 …………………………14
着色舗装 …………………………195	道路の管理 ………………………10
中位速度 …………………………35	道路の構造 ………………………137
中央混合所方式 …………………219	道路の土質調査 …………………114
中央帯 ……………………………55	道路の歴史 ………………………3
中央分離帯 ………………………55	道路費 ……………………………22
中級路面 …………………………139	道路標示 …………………………102
駐車場 ……………………………56	道路標識 …………………………101
駐車帯 ……………………………56	道路付属施設 ……………………97
注入目地材 ………………………208	道路法 ……………………………12
突合せ目地 ………………………215	道路網計画 ………………………25
継目転圧 …………………………186	道路用砕石 ………………………161
土の性質 …………………………105	土質道 ……………………………139
土の粒度 …………………………107	都道府県道 ………………………7
T_A 法 …………………………143	登坂車線 …………………………54
低級路面 …………………………139	トラフィカビリティ ……………120
低コスト道路 ……………………139	トリップ …………………………39
停車帯 ……………………………56	トリップエンド …………………39
鉄道との交差 ……………………94	トリニダッドレイクアスファルト ……176
鉄網および鉄筋による補強 ……224	トレサゲ式道路 …………………5
テルフォード式道路 ……………5	トンネル・地下道の舗装 ………198
転圧コンクリート工法 …………226	
電車軌道 …………………………58	**な　行**
てん充材 …………………………231	波返し ……………………………103
天然アスファルト ………………176	並　木 ……………………………97
統一分類法 ………………………110	軟化点 ……………………………178
凍結深さ …………………………135	軟弱地盤対策 ……………………115
凍上現象 …………………………134	二酸化窒素 ………………………48
凍上対策工法 ……………………135	二次転圧 …………………………186
透水性舗装 ………………………194	日本統一土質分類法 ……………110
等値換算厚 ………………………143	乳化剤 ……………………………176
等値換算係数 ……………………144	二硫化炭素 ………………………174
動的安定度 ………………………192	粘土質 ……………………………110
登坂車線 …………………………63	ノニオン系 ………………………176
導流路 ……………………………89	のり敷 ……………………………58
道路運輸費 ………………………22	のり面浸食 ………………………132
道路景観 …………………………103	のり面の保護 ……………………123
道路構造令 ……………………12, 51	ノンカットオフ …………………100
道路交通工学 ……………………30	
道路照明 …………………………99	

は 行

背向曲線 …………………………………76
排水性舗装 ………………………………193
バイパス …………………………………27
配分交通量 ………………………………41
薄膜加熱試験 ……………………………179
はく離防止対策 …………………………192
バス停車帯 ………………………………57
パーセンタイル速度 ……………………35
パーソントリップ調査 …………………20
バーチカルドレーン工法 ………………115
発火点 ……………………………………179
パッチング工法 …………………………201
反向曲線 …………………………………76
半剛性舗装 ………………………………187
半たわみ性舗装 …………………………187
パンピング ………………………………160
非常駐車帯 ………………………………57
避走視距 …………………………………69
非塑性 ……………………………………108
引張応力 …………………………………152
人の交通 …………………………………47
表　層 ……………………………………138
表層処理工法 ……………………………116
表面仕上げ ………………………………221
表面処理工法 ……………………………201
表面排水 …………………………………126
疲労破壊輪数 ……………………………156
フィニッシャビリチー …………………209
フィラー …………………………………181
フォームドアスファルト舗装 …………190
幅　員 ……………………………………53
複合曲線 …………………………………76
副　道 ……………………………………55
普通視距 …………………………………69
物資流動調査 ……………………………20
踏　切 ……………………………………95
プライムコート ……………………167, 185, 198
ブリージング ……………………………201
フルデプスアスファルト舗装 …………190
プレストレストコンクリート舗装 ……225
フレーター法 ……………………………39

フロー値 …………………………………183
ブロックの大きさと材質 ………………229
ブロックの並べ方 ………………………232
ブロック舗装 ………………………139, 229
ブロック舗装の構造 ……………………230
ブローンアスファルト …………………175
分散率 ……………………………………133
分布交通量 ………………………………39
分離帯 ……………………………………90
平たん性 …………………………………156
平板載荷試験 ……………………………140
平面交差 ………………………………87, 88
平面交差点 ………………………………89
ペース ……………………………………34
便益費用分析 ……………………………24
変速車線 …………………………………54
ポアソン分布 ……………………………32
ホィールトラッキング試験 ……………192
防護柵 ……………………………………102
防護設備 …………………………………102
防砂柵 ……………………………………103
防雪柵 ……………………………………103
防雪林 ……………………………………103
膨脹剤 ……………………………………208
膨脹目地 …………………………………215
飽和度 ……………………………………107
歩行者系道路舗装 ………………………197
歩行者専用道路 …………………………57
補　修 ……………………………………200
補助標識 …………………………………101
舗　設 ……………………………………218
舗装計画交通量 …………………………156
舗装タール ………………………………177
舗装の性能指標 …………………………156
舗装の破損 ………………………………200
ポットホール ……………………………201
歩　道 ……………………………………54
歩道橋の舗装 ……………………………196
歩道・自転車道の舗装 …………………197
ポリッシング ……………………………201
ホワイトベース ……………………191, 226
ポンピング ………………………………201

索　引　**241**

ま　行

- マカダム式道路 …………………………5
- まき出し厚 …………………………120
- 曲げ応力 …………………………146
- マーシャル安定度試験 ………………182
- 溝状浸食 …………………………133
- 見通し ………………………………90
- 明色舗装 …………………………195
- 目地 …………………………………213
- 目地板 ………………………………208
- 目地材料 ……………………………208
- 目地の構造 …………………………215
- 目地の施工 …………………………221
- 目地の配列 …………………………215
- 毛管水 ………………………………128
- モード ………………………………34
- 盛土 …………………………………122
- 盛土の締固め ………………………117
- 盛土部の勾配 ………………………123
- 盛土補強工法 ………………………117

や　行

- 優先順位 …………………………25, 28
- 誘発交通量 …………………………38
- 雪覆工 ………………………………103
- 養生 …………………………………222
- 横目地 …………………………213, 216
- 横目地間隔 …………………………214
- 四段階推定法 ………………………38

ら　行

- 落石防止柵 …………………………103
- ランプ …………………………91, 93
- ランプ接続端 …………………………93
- ランプターミナル ……………………93
- 立体交差 ………………………91, 93, 96

- 粒径加積曲線 ………………………107
- 粒状路盤工法 ………………………160
- 粒度調整工法 ………………………163
- 理論最大凍結深さ …………………135
- 歴青 …………………………………174
- 歴青安定処理工法 …………………168
- 歴青系舗装 …………………………139
- 歴青混合物の設計 …………………180
- 歴青材料 ……………………………174
- 歴青材料の試験法 …………………178
- レディーミクストコンクリート ……212
- レフレクションクラック ……………191
- レムニスケート ………………………85
- 連結側道 ……………………………92
- 連結路 …………………………91, 93
- 連続鉄筋コンクリート舗装 …………225
- 沪過材料 ……………………………131
- 路肩 …………………………………55
- 路肩および側帯の舗装 ………………198
- ロサンゼルス試験機 …………………162
- 路床 …………………………137, 159
- 路上再生路盤工法 …………………201
- 路上表層再生工法 …………………201
- 路線交通量 …………………………37
- 路線の選定 …………………………27
- 路体 …………………………………122
- ロータリー交差 ………………………87
- 路盤 …………………………………137
- 路盤紙 ………………………………208
- 路盤の厚さの設計 …………………152
- 路面抵抗 ……………………………61
- 路面の種類 …………………………139
- ロールドアスファルト舗装 …………189

わ　行

- ワーカビリチー ……………………209

著者略歴

内田　一郎（うちだ・いちろう）
- 1940年　九州大学工学部土木工学科卒業
　　　　　内務省土木局勤務
- 1946年　九州大学工学部講師
- 1947年　九州大学助教授
- 1959年　九州大学教授・工学博士
- 1982年　九州大学定年退職・九州大学名誉教授
　　　　　西日本工業大学客員教授
- 1989年　西日本工業大学定年退職
- 2015年　逝去

鬼塚　克忠（おにつか・かつただ）
- 1965年　宮崎大学工学部土木工学科卒業
- 1967年　九州大学大学院工学研究科修士課程土木工学専攻修了
- 1970年　九州大学大学院工学研究科博士課程土木工学専攻単位習得の上退学
　　　　　九州大学工学部助手
　　　　　佐賀大学理工学部講師
- 1971年　佐賀大学理工学部教授
- 1973年　工学博士
- 1987年　佐賀大学理工学部教授
- 2008年　佐賀大学定年退職・佐賀大学名誉教授

道路工学（第7版）　　　　　　　　　　　　　　Ⓒ 内田一郎・鬼塚克忠　2003

1957年　1月10日	第1版第1刷発行
1965年　5月　1日	第2版第1刷発行
1971年　5月　1日	第3版第1刷発行
1974年　5月　5日	第4版第1刷発行
1984年　5月　1日	第5版第1刷発行
1994年 11月10日	第6版第1刷発行
2002年　3月15日	第6版第7刷発行
2003年　5月10日	第7版第1刷発行
2022年　3月10日	第7版第6刷発行

【本書の無断転載を禁ず】

著　　者　内田一郎・鬼塚克忠
発 行 者　森北博巳
発 行 所　森北出版株式会社

東京都千代田区富士見 1-4-11（〒102-0071）
電話 03-3265-8341 ／ FAX 03-3264-8709
https://www.morikita.co.jp/
日本書籍出版協会・自然科学書協会　会員

JCOPY　<（一社)出版者著作権管理機構 委託出版物>

落丁・乱丁本はお取替えいたします　印刷/エーヴィスシステムズ・製本/ブックアート

Printed in Japan ／ ISBN978-4-627-48107-7

MEMO

MEMO

MEMO

MEMO